编委会

2023年提前批中央财政林业草原生态保护恢复资金国家级自然保护区项目

甘肃太统-崆峒山国家级自然保护区
常见陆生野生脊椎动物图册

A field Guide to the common terrestrial Wild Vertebrates
of the Gansu Taitongshan-Kongtongshan National Nature Reserve

◎主 编 包新康 张亚莉 赵 伟

兰州大学出版社
LANZHOU UNIVERSITY PRESS

图书在版编目（CIP）数据

甘肃太统-崆峒山国家级自然保护区常见陆生野生脊椎动物图册 / 包新康，张亚莉，赵伟主编. -- 兰州 ：兰州大学出版社，2025. 5. -- ISBN 978-7-311-06897-4

Ⅰ. Q959.308-64

中国国家版本馆 CIP 数据核字第 20251Q5X78 号

责任编辑　赵　方
封面设计　程潇慧

书　　名　甘肃太统-崆峒山国家级自然保护区常见陆生野生脊椎动物图册
　　　　　GANSU TAITONG-KONGTONG SHAN GUOJIA JI ZIRAN BAOHUQU CHANGJIAN LUSHENG YESHENG JIZHUI DONGWU TUCE
作　　者　包新康　张亚莉　赵　伟　主编
出版发行　兰州大学出版社　(地址:兰州市天水南路222号　730000)
电　　话　0931-8912613(总编办公室)　0931-8617156(营销中心)
网　　址　http://press.lzu.edu.cn
电子信箱　press@lzu.edu.cn
印　　刷　广西昭泰子隆彩印有限责任公司
开　　本　889 mm×1194 mm　1/16
成品尺寸　210 mm×285 mm
印　　张　16.25
字　　数　212千
版　　次　2025年5月第1版
印　　次　2025年5月第1次印刷
书　　号　ISBN 978-7-311-06897-4
定　　价　86.00元

序　言 Preface

在陇东黄土高原腹地，闪耀着一颗承载黄土高原生态密码的绿色明珠——甘肃太统-崆峒山国家级自然保护区。这片横亘在六盘山系东北麓的生态枢纽，既是黄土高原生态系统的天然基因库，更是拱卫西北生态安全的重要战略屏障。太统-崆峒山不仅为科学研究提供了丰富的自然资源，也为培养新一代自然保护工作者提供了卓越的实践基地。《甘肃太统-崆峒山国家级自然保护区常见陆生野生脊椎动物图册》的出版，不仅生动展现了保护区丰富多彩的生物世界，更系统性地呈现了管护中心近年来在生态监测与物种保护方面取得的显著成果。

在生态文明建设上升为国家战略的今天，保护区的管护工作已突破传统的巡护监测范畴，正向智慧化、专业化方向迈进。本图册的出版恰逢其时，它不仅为公众提供了一扇了解太统-崆峒山生物多样性的窗口，更为保护和研究等相关人员提供了重要工具。图册详细记录了保护区内常见的陆生野生脊椎动物，以图文并茂的形式，生动展现了每一种动物的特征及其在保护区的分布。这不仅有助于提升公众的自然保护意识，更重要的是，对于正在积累经验、逐步成长的保护区工作人员而言，这本图册是一座宝贵的知识库，可以极大地帮助他们提升科研和保护技能。

兰州大学生命科学学院作为立足西北、服务国家生态文明建设的科研基地，长期致力于甘肃及周边地区的生物多样性研究与保护。学院生物多样性保护团队，依托生物学A类学科优势，以及草种创新与草地农业生态系统全国重点实验室、细胞活动与逆境适应教育部重点实验室、甘肃省环境生物监测与修复重点实验室等重要研究基地，扎根西北，聚焦区域生态安全与可持续发展，近年来，在野生动物栖息地评估、濒危物种保护、生态系统修复等领域取得了一系列突破性成果，为甘肃生态文明建设提供了坚实的科技支撑。展望未来，希望我们的团队能够继续致力于甘肃太统-崆峒山国家级自然保护区的生物多样性保护与研究工作，同时加强与国内外同行的交流与合作，继续推动和引领甘肃生物多样性保护事业的发展。

愿这本《甘肃太统-崆峒山国家级自然保护区常见陆生野生脊椎动物图册》见证我们的共同守护，更愿太统-崆峒山永葆生机、万物欣荣，成为人与自然和谐共生的典范。

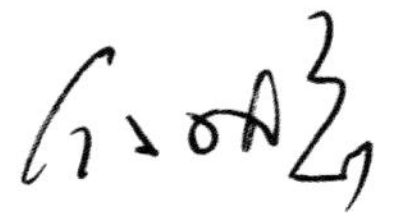

2025年5月

前言 Foreword

本书是第一部系统展现甘肃太统-崆峒山国家级自然保护区常见陆生野生脊椎动物的专著，为保护区工作人员快速掌握保护区动物资源、开展动物保护与研究奠定了基础，也为公众了解该地区的野生动物、增强环境保护意识提供了参考。

本书分为总论和各论两部分，总论主要介绍了甘肃太统-崆峒山国家级自然保护区的基本概况和脊椎动物概况，各论详细介绍了2023—2024年在保护区现场调查到的223种陆生野生脊椎动物的中文名、拉丁名、英文名、分类地位、保护状况、野外识别特征、栖息生境、生活习性和保护区分布等信息。为了保证本书的专业性，所有物种按照国内外最新的分类学研究成果命名和排序。同时，为了保证本书的易用性，所有物种的鉴别特征尽量避免使用专业化术语，同时配以特征明显的插图。为方便读者进一步研究，书末还附有主要参考文献、物种的中文名索引和拉丁名索引。

本书中的兽类分类系统依据《中国兽类名录（2021版）》（魏辅文等，2021）；鸟类分类系统依据《中国鸟类分类与分布名录（第四版）》（郑光美，2023）；两栖、爬行动物分类系统依据《中国两栖、爬行动物更新名录》（王剀等，2020）。国家保护物种级别依据国家林业和草原局、农业农村部2021年公布的《国家重点保护野生动物名录》；“三有”动物名录依据国家林业和草原局2023年公布的《有重要生态、科学、社会价值的陆生野生动物名录》；甘肃省省级保护动物依据甘肃省人民政府2024年发布的《甘肃省人民政府关于公布甘肃省重点保护野生动物名录的通知》。世界自然保护联盟濒危物种红色名录（IUCN Red List of Threatened Species）等级依据2023年更新的物种数据；中国生物多样性红色名录依据《中国生物多样性红色名录——脊椎动物卷（2020）》（2023）。红色名录等级包括：极危（Critically Endangered，CR）、濒危（Endangered，

EN）、易危（Vulnerable，VU）、近危（Near Threatened，NT）、无危（Least Concern，LC）、数据缺乏（Data Deficient，DD）、未认可（Not recognized，NR）。动物区系及分布型统计依据《中国动物地理》（张荣祖，2011）。区系包括：东洋界，古北界，广布种；分布型包括：古北型（U），东洋型（W），全北型（C），中亚型（D），高地型（P或I），东北型（M），东北-华北型（X），喜马拉雅-横断山区型（H），华北型（B），季风型（E），南中国型（S），局地型（L），东北型（K，东部为主），不易归类型（O）。鸟类居留型分为：留鸟，一年四季均有分布的鸟类物种；夏候鸟，夏季在此区域繁殖的候鸟，冬季没有分布；冬候鸟，冬季迁飞至此区域越冬的候鸟，夏季没有分布；旅鸟，春、秋季节迁飞路过此区域的候鸟。

本书的研究及出版是在甘肃太统崆峒山国家级自然保护区管护中心“2023年提前批中央财政林业草原生态保护恢复资金国家级自然保护区项目”（陆生脊椎动物资源调查评估）的资助下完成的。此外，甘肃太统崆峒山国家级自然保护区后河保护站的高永军、太统保护站的张家豪、麻武保护站的李鹏等参与了野外调查工作。在此，谨向支持、关心和帮助过本书出版的朋友们表示衷心的感谢。

在本书付梓之际，我们满怀谦卑之心，向每一位阅读此书的读者致以最诚挚的问候。我们深知在浩瀚的知识海洋中，个人的才学犹如沧海一粟，微不足道。在编纂此书的过程中，我们虽力求严谨，字斟句酌，但受限于学识的广度与深度，谬误与不足之处在所难免，恳请读者批评指正。

编　者

2025年5月

目 录

Contents

总　论

Pandect

一、甘肃太统-崆峒山国家级自然保护区概况

1　地理位置

甘肃太统-崆峒山国家级自然保护区位于陇东黄土高原西部，六盘山系东侧支脉，黄河支流中上游地区平凉市崆峒区境内，距平凉市城区仅15 km。自然保护区范围东起平泾公路甘沟大湾梁，西至宁夏固原市泾源县界，南至包家沟梁，北至胭脂河，地理坐标位于东经106°26′18″～106°37′24″和北纬35°25′08″～35°34′50″之间。自然保护区范围内涉及2个乡镇（崆峒镇、麻武乡）、14个行政村（崆峒镇9个行政村分别为高岭、祁河、中河、西沟、韩家沟、鸭儿沟、蒋家沟、甘沟、寨子街，麻武乡5个行政村分别为杨家山、城子、后沟、石家沟、麻武）。常住人口603户2 290人。自然保护区总面积16 283 hm^2，其中核心区6 680 hm^2，缓冲区4 645 hm^2，实验区4 958 hm^2，分别占自然保护区总面积的41.02%、28.53%和30.45%。自然保护区属于森林生态系统类型自然保护区，主要保护对象是森林生态系统、珍稀野生动植物资源、古文化遗迹和地质遗迹。

2　森林生态系统

太统-崆峒山地处温带草原区的南部森林草原地带，其地带性植被是落叶阔叶林和草甸草原，保护区自然条件复杂，地形变化大，沟深谷狭，气候高寒湿润，雨量充沛，林木繁茂，植被类型复杂。依据2021年林草湿数据与第三次全国国土调查对接融合数据，自然保护区土地总面积24.31万亩，林地总面积19.98万亩。其中，乔木林地12.07万亩，灌木林地6.54万亩，其他林地1.37万亩。保护区内以天然次生林为主，主要树种有辽东栎、山杨、山毛桃（*Prunus davidiana*）等，重点分布在崆峒山、高岭、大阴山一带。人工林以油松、落叶松、刺槐为主，重点分布在太统山、望驾山、张沟石湾一带。自然保护区代表性植被类型如下：

2.1　温性针叶林

温性针叶林在本区主要是华山松（*Pinus armandii*）林和油松（*Pinus tabulaeformis*）林。华山松多分布在海拔1 800～2 000 m的山地阴坡的悬崖峭壁上，或者在海拔1 400～1 950 m的山地阴坡上。与油松和辽东栎（*Quercus wutaishanica*）、山杨（*Populus davidiana*）、鹅耳枥（*Carpinus tuczaninowii*）、少脉椴（*Tilie paucicostata*）等形成针阔叶混交林。

以油松为建群种的油松林是崆峒山上最古老、最高大的树种之一。油松林主要分布在海拔1 800～2 000 m的阴坡、半阳坡、阳坡、诸台地，甚至在悬崖峭壁上。油松林常见的植物有水栒子（*Cotoneaster multiflorus*）、甘肃山楂（*Crataegus kansuensis*）、土庄绣线菊（*Spiraea pubescens*）以及一些草本植物。

2.2　落叶阔叶林

自然保护区的落叶阔叶林都属于温带落叶阔叶林，主要树种以栎属、桦木属、杨属、椴树属为主。林中乔木都是冬季落叶的喜光阔叶树种，群落结构简单，分层明显。本植被型可分为下列群系：

辽东栎林：自然保护区占第一位的优势森林类型，主要分布于海拔1 300～2 062 m的阴坡、半阴坡，也生长于生境较恶劣的陡坡上和较为平缓的山脊地带，多形成纯林或混生于杂木林内。

山杨林：自然保护区占优势的森林植被之一，主要分布于海拔1 340～2 123 m的阴坡和半阴坡，也见于半阳坡和阳坡，多和其他树种混生组成杂木林。

白桦（*Betula platyphylla*）林：自然保护区占优势的森林植被之一，多是各类针叶林或落叶阔叶林植被采伐或破坏后形成的次生森林类型。分布于山地海拔1 900～2 100 m的阴坡和半阴坡，少见于半阳坡，多呈小块状纯林，更多的是与山杨混生而成的杨桦林或与其他树种构成的杂木林。

2.3　落叶阔叶灌丛

落叶阔叶灌丛是指由冬季落叶的阔叶灌木种类所组成的植物群落，它广泛分布于自然保护区的山地和沟谷，其群落结构简单，一般仅有灌木层和草本层。

沙棘（*Hippophae rhomnoides*）灌丛：本保护区沙棘灌丛分布很广，常生长于海拔1 600～2 100 m的山地阳坡或半阴坡，常在沟谷、路边或梁峁密集生长，形成单优群落。伴生有甘肃山楂、虎榛子（*Ostryopsis davidiana*）、水栒子、榛（*Corylus heterophylla*）、黄蔷薇（*Rosa hugonis*）等。

虎榛子灌丛：分布很广，是黄土高原习见的灌木种类。本保护区分布于海拔1 500～1 700 m的阴坡和半阴坡，少数见于阳坡，多呈小块状分布，常以优势种出现。群落中常见的还有沙棘、黄蔷薇、水栒子、山毛桃、白刺花（*Sophora davidii*）等。

白刺花灌丛：本保护区主要分布于海拔1 500～1 700 m的阳坡和半阳坡山地，常呈优势植物群落。群落的种类组成，主要有山毛桃、黄蔷薇、胡枝子（*Lespedeza bicolor*）、胡颓子（*Elaeagnus pungens*）、酸枣（*Ziziphus jujuba var. spinosa*）、疏毛绣线菊（*Spiraea hirsuta*）等。

榛灌丛：常分布于海拔1 500～2 000 m的山地阳坡及林缘空地。常见伴生种类有甘肃山楂、胡枝子、筅子梢（*Campylotropis macrocarpa*）、山毛桃、灰栒子（*Cotoneaster acutifolius*）、高丛珍珠梅（*Sorbaria arborea*）等。

胡枝子灌丛：在本保护区海拔1 400～1 800 m的山地南北坡台地、林缘均有分布，常成丛状，伴生植物有榛、虎榛子、悬钩子（*Rubus sp.*）、蒙古荚蒾（*Viburnum mongolicum*）、卫矛（*Euonymus alatus*）等。

2.4　草原

一种地带性植被类型，由低本、生本、多年生植物（有的以旱生小半灌木）组成的植物群落，本保护区草原区南缘的森林草原地带植被类型应属于草甸草原。在本保护区的森林草原地带内，最常见的是白羊草（*Bothriochloa ischaemum*）草原和长芒草（*Stipa bungeana*）草原。

白羊草草原：主要分布在海拔1 400～1 600 m的山地阳坡和半阳坡，生境比较干旱，伴生植物有白莲蒿（*Artemisia stechmanniana Besser*）、长芒草、狼毒（*Stellera chamaejasme*）、多种委陵菜（*Potentilla chinensis*）、宿根亚麻（*Linum perenne*）等。有时在群落中还散生有山毛桃、灰栒子等灌木种类。

长芒草草原：只在干旱山坡、田边、路旁及撂荒地段可以看到长芒草片段。长芒草草原中伴生的植物有百里香（*Thymus mongolicus*）、茵陈蒿（*Artemisia copillayis*）、狼毒、阿尔泰狗娃花（*Heteropappus altaicus*）、白莲蒿、多种委陵菜等。

3 古文化遗迹和地质遗迹

保护区内望驾山、甘家坟等地先后发现了新石器时期齐家文化和仰韶文化遗迹。实验区崆峒山为道教名山，儒、道、释共处一山，古文化遗迹众多。区内出露地层最远可追溯至震旦系，阶梯状、麦垛状、塔状山峰地势奇险，一线天结构典型独特，丹霞地貌分布广泛，大台子、太统山等地寒武纪及奥陶纪地层中保存着珍贵的动物化石，具有重要的科考和保护价值，地质遗迹资源丰富。因此，崆峒山被批准为国家地质公园。

二、保护区脊椎动物资源

保护区山峦起伏，群峰竞秀，茫茫林海，万木峥嵘。保护区气候温和、雨量适中、植被发育良好，蕴藏着丰富的生物多样性，在保护黄土高原向青藏高原和蒙新高原过渡地带物种和遗传多样性方面有着积极的意义。该地区栖息的动物种类繁多，是甘肃省动物资源较为丰富的地区之一。

1 研究历史

相关的动物资源调查工作历史悠久，早在19世纪末20世纪初，国外一些传教士和学者途径这里时便曾采集过动物标本。国内学者的研究在20世纪50年代后陆续展开，兰州大学生物系、西北师范大学生物系的师生曾在崆峒山开展教学实践，采集了丰富的动物标本。20世纪70年代，甘肃省珍稀野生动物调查队对崆峒山进行了系统调查。20世纪80—90年代，当时的庆阳师范专科学校、平凉师范学校、平凉农业学校等单位在保护区开展教学实践。1979—1985年，兰州大学生物系的王香亭、杨友桃、刘迺发3位教授在保护区开展深入调查，西北师范大学生物系的姚崇勇教授对崆峒山两栖爬行动物进行系统研究。1999—2000年，平凉市人民政府组织兰州大学、甘肃农业大学、甘肃林业勘察设计研究院、平凉地区林业勘察设计队、平凉市林业局、平凉市崆峒区太统林场、平凉市崆峒山自然保护区管理局等单位对该地区进行了深入的科学考察。2016—2018年，兰州大学生命科学学院的包新康教授对崆峒山夏季鸟类进行了长期监测。2020年9月—2022年9月，由北京农学院、甘肃农业大学、国家林业和草原局林草调查规划院、国家林业和草原局产业发展规划院、北京中林国际林业工程咨询有限责任公司、北京山水林合工程咨询有限公司、北京顺天意环境科技有限公司和甘肃太统-崆峒山国家级自然保护区管护中心的专业技术人员组成的科考队，再次对保护区进行了深入的考察。2023年3月—2024年9月，兰州大学生命科学学院对保护区陆生脊椎动物进行了系统调查，并协助保护区建立了兽类观测网络。

2　脊椎动物物种多样性

2.1　鱼类

太统-崆峒山自然保护区内的地表水系属于泾河水系，河流量受季节影响变化较大。崆峒水库修建后引进了部分鱼类进行人工养殖。2000年科学考察中种类较少，记录到的鱼类共9种，其中包括鲤科7种、鳅科2种。2019年保护区工作人员通过查阅资料和采样，记录到的鱼类共3目5科22属27种及亚种，其中人工放养种类8种、野生种类19种（杨鹏举等，2020）。

按照动物区系成分划分，27种鱼类中东洋界有2种，占总数的7.41%；古北界有13种，占总数的48.15%；广布型有12种，占总数的44.44%。这说明保护区鱼类动物中，古北界种类占优势（杨鹏举等，2020）。其中，秦岭细鳞鲑为中国特有，属国家二级保护野生动物，被列入《中国濒危动物红皮书》濒危物种，仅分布于渭河上游及其支流和汉水北侧支流湑水河、子午河上游的溪流中（杨鹏举等，2020）。

2.2　陆生脊椎动物

泾河贯穿太统-崆峒山自然保护区全境，两栖类动物分布相对较广。2000年甘肃太统-崆峒山自然保护区科学考察中记录到两栖类2目4科6种，包括国家二级保护动物大鲵，除六盘齿突蟾以外均为全国广布物种。2010—2011年调查并未记录到新的两栖类动物（马雄等，2013)。2022年综合科学考察记录到爬行类2目5科8种。

2000年综合科学考察中记录到爬行类2目5科9种。2011—2013年通过样线法和资料查阅，共记录到爬行类2目7科12属12种。2022年综合科学考察共记录到爬行类2目8科18种。

2000年综合科学考察中记录到鸟类15目35科133种。2016—2018年调查到夏季繁殖鸟类16目40科108种（马东辉等，2020)。2022年综合科学考察共记录到鸟类20目51科215种。2024年共记录到鸟类17目51科176种（白晓亮等，2024)。从居留型看，保护区内调查记录到的鸟类以留鸟和夏候鸟为主，各占保护区鸟类总数的46.59%和33.52%，冬候鸟占鸟类总数的9.66%，其他鸟类占鸟类总数的10.23%。从保护区鸟类整体分布区系看，古北界鸟类占鸟类总数的32.95%，东洋界鸟类占鸟类总数的9.66%，广布种鸟类占鸟类总数的52.27%，其他鸟类占鸟类总数的5.12%。

保护区分布的鸟类可以粗略地划分为湿地类群、灌草丛类群、森林类群和伴人类群。其中湿地类群主要包括雁形目鸭科，鹤形目鹮科，鹈形目鹭科，鸻形目鸻科、鹬科，以及雀形目的翠鸟、水鸲等，上述种类主要分布在崆峒山水库、胭脂河，及其他小河、溪流附近，以斑嘴鸭、绿头鸭、红尾水鸲等最为常见。灌草丛类群主要以雀形目鸟类为主，包括伯劳科、百灵科、柳莺科、鸦雀科、鹎科、鹟科、鹡鸰科、燕雀科、鹀科等种类，也包括鸡形目、鸽形目等，主要见于保护区针阔叶混交林、落叶阔叶林等的林缘灌丛，以棕眉柳莺、冠纹柳莺、山噪鹛和灰头灰雀等为优势物种。森林类群主要包括鹰形目、隼形目和鸮形目猛禽，以及啄木鸟目攀禽，雀形目鸦科、山雀科、鸫科等种类，主要见于保护区林木繁茂的针叶林、阔叶林及混交林，以金翅雀、大山雀、绿背山雀、星鸦等为优势物种。伴人类群以雀形目、鸽形目和雉鸡等鸟类为主，主要分布在人工苗圃、果园及村庄农田附近，以环颈雉、麻雀为优势物种。

2000年综合科学考察中记录到哺乳类6目17科44种。

2022年综合科学考察中记录到哺乳类6目19科55种。

2023—2024年陆生脊椎动物资源调查项目新记录到岢岚绒鼯、小麂、毛冠鹿和中华鬣羚。保护区记录到的哺乳类以啮齿目为主，占保护区哺乳类总数的43.10%；食肉目，占保护区哺乳类总数的25.87%；鲸偶蹄目，占保护区哺乳类总数的12.07%；劳亚食虫目，占保护区哺乳类总数的10.35%；兔形目，占保护区哺乳类总数的5.17%；翼手目，占保护区哺乳类总数的3.44%。从保护区哺乳类整体分布区系看，古北界物种占哺乳类总数的44.83%，广布种占哺乳类总数的41.38%，东洋种占哺乳类总数的13.79%。

2.3 珍稀濒危脊椎动物

根据2022年自然保护区综合科学考察，保护区内分布有国家一级重点保护动物9种（其中哺乳类4种、鸟类5种），国家二级重点保护动物39种（其中哺乳类5种、鸟类31种、爬行类1种、两栖类2种）；列入IUCN红色名录的极危物种（CR）1种（两栖类1种），濒危物种（EN）4种（其中哺乳类1种、鸟类1种、爬行类1种、两栖类1种），易危物种（VU）9种（其中哺乳类3种、鸟类3种、爬行类2种、鱼类1种）；列入《濒危野生动植物种国际贸易公约》（CITES）附录Ⅰ的物种4种（其中哺乳类2种、鸟类1种、两栖类1种），列入附录Ⅱ的物种4种（其中哺乳类2种、鸟类2种）；国家“三有”动物193种（其中哺乳类18种、鸟类154种、爬行类15种、两栖类6种）；甘肃省重点保护动物6种（其中哺乳类1种、鸟类3种、爬行类1种、两栖类1种）。2023—2024年陆生脊椎动物资源调查项目新记录到国家二级重点保护动物7种、甘肃省省级重点保护动物3种。

各　论

Sub-Pandect

两栖纲

Amphibia

大鲵 *Andrias davidianus*

Chinese Giant Salamander

两栖纲—有尾目—隐鳃鲵科—大鲵属

保护状况　国家Ⅱ级，CITES附录Ⅰ，IUCN等级CR，中国生物多样性红色名录等级CR，中国特有种。

野外识别特征　体大，性成熟个体可达1 m。体形类似于蝾螈，头部和身体扁平，尾部侧扁而末端圆钝，眼睛很小，没有眼睑。体表光滑，头部背腹有一些疣粒，体侧具有明显的纵肤褶。

栖息生境　山区中较宽阔、水流较缓、大小砾石较多的大型溪流和深潭。

生活习性　常驻在一个洞穴，一般夜间出洞觅食，但夏秋季节白天也会上岸觅食或晒太阳。体表光滑、覆盖着黏液，遇到危险时会释放出特殊的气味，以驱赶敌人。主要依靠嗅觉和触觉来感知外界信息，同时也能通过皮肤上的疣感知水中的震动，捕捉水中的鱼虾和昆虫。不能咀嚼，只会将猎物整体吞下。

保护区分布　保护区罕见种，主要分布在泾河。

陈鑫杰　摄

六盘齿突蟾 *Scutiger liupanensis*

Chinese Giant Salamander

两栖纲—无尾目—角蟾科—突蟾属

保护状况　“三有”，IUCN等级EN，中国生物多样性红色名录等级VU，中国特有种。

野外识别特征　头部扁平，吻端钝圆略显突出。瞳孔纵置，没有鼓膜。没有犁骨齿，舌头后端微微有缺刻。第一、第二趾间蹼不超过趾长的1/3；雄性腹正中刺疣呈纵长排列，约为腹部面积的1/3。

栖息生境　海拔1 900～2 500 m植被较繁茂的中、小型溪流和泉水沟内。

生活习性　白天常隐匿于溪流或泉水沟内的石块下或附近的枯枝落叶层中，夜间活动于石块间或蹲于岸边。产卵季节在4月下旬—6月中旬，卵群会黏附在水中的石块下。蝌蚪多生活在溪流的缓流处或溪旁的小泉水沟内，白天隐匿于石块下或在石块间活动，而晚上则浮于水面游动。

保护区分布　保护区少见种，主要分布在泾河。

史静竿　摄

中华蟾蜍 *Bufo gargarizans*

Asiatic Toad

两栖纲—无尾目—蟾蜍科—蟾蜍属

保护状况　甘肃省省级保护，“三有”，IUCN等级LC，中国生物多样性红色名录等级LC。

野外识别特征　体大，四肢粗壮的“蛙”，体背覆盖着密集的瘰粒，而头部背面光滑无瘰粒。胫部的瘰粒相对较大，没有明显的跗褶。体侧和腹面没有土红色斑。

栖息生境　海拔600～3 000 m的近水源附近的林地、居民点。

生活习性　偏好湿润、暗淡和温暖的环境。白天通常栖息在河边、草丛或砖石孔等阴暗潮湿的地方。傍晚至清晨时分则变得异常活跃，常在塘边、沟沿、河岸、田边、菜园、路旁或房屋周围觅食。当气温降至10 ℃以下时，会躲进砖石洞、土穴中或潜入水底进行冬眠。食谱广泛，主要包括小型软体动物和各种昆虫。

保护区分布　保护区常见种，主要分布在崆峒水库和泾河。

赵　伟　摄

杜进军　摄

花背蟾蜍 *Strauchbufo raddei*

Rain toad

两栖纲—无尾目—蟾蜍科—花蟾属

保护状况 “三有”，IUCN等级LC，中国生物多样性红色名录等级NT。

野外识别特征 体长平均60 mm。体背上有酱色的花斑。第四指相对较短，大约为第三指长度的一半。此外，雄性个体可能具有单一的咽下内声囊。

栖息生境 海拔600～2 700 m的各种生境均有分布，栖息活动于黄土高原的断层处，林间草地，树根下，石缝间等。

生活习性 适应性强。在夏季和初秋时，白天通常隐藏在草石下或土穴中，而在黄昏时则在作物草丛中觅食。在冬季，选择在池沼或沟渠的水下淤泥中冬眠。主要捕食害虫及幼虫，为有益动物。

保护区分布 保护区常见种，主要分布在泾河和崆峒水库。

赵 伟 摄

黑斑侧褶蛙 *Pelophylax nigromaculatus*

Black-spotted Pond Frog

两栖纲—无尾目—蛙科—侧褶蛙属

保护状况 IUCN等级LC，中国生物多样性红色名录等级NT。

野外识别特征 体长58～70 mm，雄性略小。体背呈黄绿色或深绿色，具有不规则的黑斑。背侧褶间有长短不一的肤褶。眼间距窄，小于眼睑的宽度。趾蹼缘有深缺刻。雄性具有外声囊。

栖息生境 沿海平原至海拔2 000 m左右的丘陵、山区，常见于水田、池塘、湖泽、水沟等静水或流水缓慢的河流附近。

生活习性 白天常隐匿在农作物、水生植物或草丛中。擅长跳跃和游泳，在受惊时能够连续跳跃多次进入水中，并在水中潜藏一段时间后再游回岸边。在早春时节气温回升到10 ℃以上时开始苏醒，通常在3月中旬开始出现并开始鸣叫，到11月上旬气温降至13 ℃左右时陆续进入冬眠。捕食昆虫。

保护区分布 保护区少见种，主要分布在泾河、崆峒水库和麻武乡。

苏文强 摄

中国林蛙 *Rana chensinensis*

Chinese Brown Frog

两栖纲—无尾目—蛙科—林蛙属

保护状况 “三有”，IUCN 等级 LC，中国生物多样性红色名录等级 LC。

野外识别特征 体长 50 mm 左右，头宽小于头长，颞部有三角形的黑斑。背侧褶在颞部形成折曲，侧褶不成直线。胫跗关节前延伸至鼓膜或眼部。雄性具有一对咽侧下内声囊。

栖息生境 林内郁闭度大、枯枝落叶多、空气湿润的阔叶林或针阔混交林。

生活习性 冬季寒冷时进入较深的水域中进入冬眠，等到春季水温变暖时渐渐复苏并陆续上岸。冬眠后的雌、雄蛙体生殖腺均已成熟，在温暖的浅水池沼中进行交配和产卵。产卵后，返回陆地山林的草丛或灌丛中生活。随着气温的升高，由低地向高地、由阳坡向阴坡迁移。蝌蚪以植物碎屑、藻类、植物嫩芽、嫩叶等为食，成体则以昆虫、蜘蛛、蜗牛等为食。

保护区分布 保护区优势种，保护区内均有分布。

包新康 摄

赵 伟 摄

爬行纲

Reptilia

秦岭滑蜥 *Scincella tsinlingensis*

Tsinling dwarf skink

爬行纲—有鳞目—石龙子科—滑蜥属

保护状况　“三有”，IUCN 等级 LC，中国生物多样性红色名录等级 LC，中国特有种。

野外识别特征　身体棕褐色，细长，四肢相对较弱，指趾在身体两侧贴紧时不会相遇。背部有黑色纵纹。

栖息生境　海拔较高的山林上。

生活习性　生活于山林较高处，白天在路边的枯叶或草丛中活动。繁殖习性为卵胎生，胎数为每侧 1～4 个，总共 2～8 个。主要以螟蚣、蝼蛄、蜂、蚁、拟步行卿和鳞翅目幼虫等为食。

保护区分布　保护区罕见种，主要分布于崆峒山。

张隆春　摄

六盘山蝮 *Gloydius liupanensis*

Liupan Mountain Pitviper

爬行纲—有鳞目—蝰科—亚洲蝮属

保护状况 甘肃省省级保护，“三有”，IUCN等级LC，中国生物多样性红色名录等级NT，中国特有种。

野外识别特征 背部土棕色的小型毒蛇，眼上白眉显著，背腹相交鳞片白色，构成体侧一条白线。雄性背部波状横斑红棕色，腹部棕色；雌性背部波状横斑黑色，腹部黑褐色。

栖息生境 海拔1 800～2 800 m的潮湿森林、灌丛、草丛和乱石堆中。

生活习性 多出没于乱石堆处，特别是在雨后天晴时，常聚集栖息在山坡、路边或梯田旁的石头上。卵胎生，通常在9—11月产仔，仔蛇5～9条。主要以林蛙、小型鼠类和蜥蜴为食，活动时间多在夜晚。

保护区分布 保护区少见种，崆峒山和太统山有分布。

曹 毅 摄

史静耸 摄

黄脊游蛇 *Orientocoluber spinalis*

Slender Racer

爬行纲—有鳞目—游蛇科—东方蛇属

保护状况 “三有”，IUCN等级LC，中国生物多样性红色名录等级LC。

野外识别特征 中小型蛇类，长约745～861 mm。头背绛红色，吻背有2～3条黄色横纹。体背呈橄榄绿褐色，具有一条从前额鳞的前部开始，沿背中线直至尾端的黑边黄色纵带。

栖息生境 平原、丘陵、山麓或河床等较开阔的地区，也可在河流附近、旱地或林区栖息。

生活习性 体形细长，行动迅速，尤其在长满白刺、沙篙、霸王刺等灌木丛内窜行时表现得矫若游龙。卵生，性格甚是驯善，不会主动攻击或咬人，昼夜活动。主要以鼠类和蜥蜴为食。

保护区分布 保护区常见种，保护区内均有分布。

史静耸 摄

乌梢蛇 *Ptyas dhumnades*

Black-striped Rat Snake

爬行纲—有鳞目—游蛇科—鼠蛇属

保护状况 “三有”，IUCN等级LC，中国生物多样性红色名录等级VU。

野外识别特征 全长可超1 500 mm，头与颈部区分明显。背鳞光滑，仅体后段背正中2～4行起棱，背鳞16-16-14行，体背面青灰褐色，背正中2行鳞呈黄色，背脊两侧有2条明显黑线。

栖息生境 海拔600 m左右的平地、山地、丘陵和旷野。

生活习性 常在农田、菜地、河沟爬行，有时也在草丛旁晒太阳。反应迅速、行动敏捷似风，故又名“乌风蛇”。性格温顺，不咬人。卵生。卵壳乳白或粉白色。无毒。

保护区分布 保护区少见种，主要分布在崆峒山。

赵 伟 摄

王文杰 摄

白条锦蛇 *Elaphe dione*

Steppes Ratsnake

爬行纲—有鳞目—游蛇科—锦蛇属

保护状况　“三有”，IUCN等级LC，中国生物多样性红色名录等级LC。

野外识别特征　体长800 mm左右，细长，头部较小。背部有钟形斑，体背上有4条深棕色的纵纹。吻鳞显露在头背上，体鳞微微隆起，背鳞23-24-19行。

栖息生境　田野、坟堆、树林以及山岗斜坡上的潮湿草丛。

生活习性　栖息地耐受性非常广泛，以3～5条聚集在一起栖息，经常在雨后天晴的时候在石头上晒太阳。当遇到天敌时，常常会通过排泄孔排出一种白色具有气味的液体，用以自卫，并趁机逃走。主要食物包括蜥蜴、鼠类、小鸟和鸟卵，有时也会捕食蛙类和昆虫。

保护区分布　保护区常见种，保护区内均有分布。

赵　伟　摄

曹　毅　摄

虎斑颈槽蛇 *Rhabdophis tigrinus*

Japanese Keelback

爬行纲—有鳞目—水游蛇科—颈槽蛇属

保护状况　“三有”，IUCN等级LC，中国生物多样性红色名录等级LC。

野外识别特征　体鳞起棱弱，通体15行鳞片，背部呈翠绿色或草绿色，体前段两侧有粗大的黑色与橘红色斑块相间排列。颈背有明显的颈槽，枕部两侧有一对粗大的黑色“八”字形斑。

栖息生境　海拔620～1 780 m的平原和丘陵地区，常见于溪涧、原野、水田以及潮湿多草的水边。

生活习性　性情温和，不常伤人，但受到惊扰时可能会膨胀并竖立身体。主要在白天活动，受天气变化的影响较大，喜欢在雨后晴天活动。冬眠期从10月下旬开始，一直持续到来年的4月。捕食蛙及蟾蜍，也吃蝌蚪与小鱼。

保护区分布　保护区少见种，主要分布在崆峒山、太统山。

史静耸　摄

鸟 纲
Aves

斑翅山鹑 *Perdix dauurica*

Daurian Partridge

鸟纲—鸡形目—雉科—山鹑属

保护状况 “三有”，IUCN等级LC，中国生物多样性红色名录等级LC。

野外识别特征 体长240～320 mm的小型灰褐色山鹑。喉侧羽尖长呈须状。上胸中央具大片深棕色斑块，雄鸟下胸具黑色蹄形斑，两胁具栗色横斑，雌鸟胸部无橙色和黑色斑块。

栖息生境 平原、森林草原、灌丛草地、低山丘陵和农田荒地。

生活习性 通常以家族群体的形式活动，并占据着约为2 km^{2}的领地。繁殖季节通常成对活动，在繁殖后期会形成家族群体，秋季时逐渐有其他个体加入，形成较大的群体，随着冬季结束，群体逐渐减少。主要以植物性食物为食，也吃蝗虫、蚱蜢等昆虫和小型无脊椎动物。

保护区分布 保护区少见种，留鸟，主要分布在保护区内的灌丛和农田。

包新康 摄

红腹锦鸡 *Chrysolophus pictus*
Golden Pheasant

鸟纲—鸡形目—雉科—锦鸡属

保护状况　国家Ⅱ级，IUCN等级LC，中国生物多样性红色名录等级NT，中国特有种。

野外识别特征　雄鸟羽色华丽，头顶及背有耀眼的金色丝状羽；颈后披风为金色并具黑色条纹；尾长而弯曲，中央尾羽近黑而具皮黄色点斑，其余部位黄褐色。雌鸟为黄褐色，上体密布黑色带斑。

栖息生境　海拔500～2 500 m的阔叶林、针阔叶混交林和林缘疏林灌丛地带。

生活习性　通常成群活动，春、夏季也可见单独或成对活动。性机警，听觉和视觉敏锐，稍有声响即会立刻逃遁。当危险尚远时，常急速地在地面奔跑逃窜；当危险逼近时，则多选择急飞上树隐蔽。飞行速度快且灵巧，在树林中飞行自如。主要以植物的叶、芽、花、果实和种子为食，也取食昆虫。

保护区分布　保护区优势种，留鸟，主要分布在麻武乡、崆峒山、崆峒水库、大马圈。

赵 伟 摄

周玉国 摄

环颈雉 *Phasianus colchicus*

Common Pheasant

鸟纲—鸡形目—雉科—雉属

保护状况　“三有”，IUCN等级LC，中国生物多样性红色名录等级LC。

野外识别特征　大型雉科鸟类。雄性羽毛华丽，颈部呈铜绿色，可能有或没有白色项圈；尾羽较长，具有横斑。雌鸟体羽大部分为棕黄色并带有黑色斑点，尾羽较短，横斑较窄。

栖息生境　低山丘陵、农田、沼泽草地、林缘灌丛和公路两边的灌丛与草地。

生活习性　通常单独或成小群活动，擅长奔跑，并且善于藏匿。虽然飞行速度很快且有力，但通常飞行时间不长，飞行距离也不远，常常采用抛物线式的飞行方式，最终会在落地前滑翔。落地后，会迅速在灌丛和草丛中奔跑、窜行和藏匿，一般不轻易再次起飞。杂食性。

保护区分布　保护区优势种，留鸟，各处均可见。

周玉国　摄

赵　伟　摄

石鸡 *Alectoris chukar*

Chukar

鸟纲—鸡形目—雉科—石鸡属

保护状况　“三有”，IUCN等级LC，中国生物多样性红色名录等级LC。

野外识别特征　体长314～388 mm。上背通常呈紫棕褐色，下背至尾上覆羽呈灰橄榄色。头侧和喉部常围绕着黑色的项圈，胸部呈灰色，下体余部为棕黄色，两胁各具10余条黑栗色并列的横斑。

栖息生境　低山丘陵地带的岩石坡和沙石坡。

生活习性　在白昼成群窜到邻近的庄稼地上寻食，飞翔力强而快速，但不能持久。雄鸟在凌晨和黄昏时常栖止在光裸的岩石上或其他高处，发出特有的粗厉的叫声，如“ga，ga-la，ga，ga-la”或“ga，ga，ga，ga，ga，ge-1a，ga，ga-la”，开始缓慢，逐渐加速，重复多次，故名“嘎啦鸡”。性杂食。

保护区分布　保护区少见种，留鸟，分布保护区境内。

赵　伟　摄

大天鹅 *Cygnus cygnus*

Whooper Swan

鸟纲—雁形目—鸭科—天鹅属

保护状况　国家Ⅱ级，IUCN等级LC，中国生物多样性红色名录等级NT。

野外识别特征　体长约1 500 mm，羽色洁白，嘴基两侧有黄斑沿嘴缘向前伸至鼻孔之下。颈部细长，常在水面向上伸直。

栖息生境　多蒲苇的大型湖泊，食料较丰富的池塘、水库里。

生活习性　候鸟，每年9月中下旬开始往越冬地迁徙，10月下旬—11月初到达越冬地。翌年2月末—3月初往繁殖地迁徙，3月末—4月初到达繁殖地。一般成对活动。迁徙时，经常组成6～20只小群，队列呈“一”字形或“人”字形，鸣声响亮。主食水生植物，也吃软体动物和其他水生无脊椎动物。

保护区分布　保护区少见种，冬候鸟，主要分布在泾河和崆峒水库。

赵　伟　摄

灰雁 *Anser anser*

Greylag Goose

鸟纲—雁形目—鸭科—雁属

保护状况　甘肃省省级保护，“三有”，IUCN等级LC，中国生物多样性红色名录等级LC。

野外识别特征　体长700～860 mm的大型雁。嘴周围有窄的白色纹路。上半身呈灰褐色，羽毛边缘有淡色斑点，下半身颜色较暗，有些地方混合了暗褐色斑块。

栖息生境　水生植物较多的水边或沼泽地，河湾和河中的沙洲。

生活习性　3月末—4月初会成群从南方越冬地迁往北方繁殖，9月末开始成群迁徙到南方过冬。除了繁殖期外，白天活动，夜间休息，常成数量不等的群体活动。主要以各种水生和陆生植物的叶、根、茎、嫩芽、果实和种子等为食，有时也吃螺、虾、昆虫等动物性食物。

保护区分布　保护区少见种，旅鸟，主要分布在泾河。

包新康　摄

赵　伟　摄

短嘴豆雁 *Anser serrirostris*

Tundra Bean Goose

鸟纲—雁形目—鸭科—雁属

保护状况 “三有”，IUCN等级NR，中国生物多样性红色名录等级LC。

野外识别特征 体长700～810 mm的大型偏深棕色的雁。跗跖橙色，喙黑色并带有橙色的次端条带。主要通过更粗短的喙和喙前端更窄的橙色条带与豆雁区分。

栖息生境 开阔的平原草地、湖泊和农田地区。

生活习性 每年秋末迁飞至我国中南部，次年春季逐渐迁离北返。性机警，晚间栖息时大多数短嘴豆雁将头插入肋间入睡，常由一只老雁在旁警戒伸颈探查情况，发现异常即发出惊叫声。以植物性食物为主食，也会食用少量的动物性食物。

保护区分布 保护区少见种，旅鸟，主要分布在泾河。

苏文强　摄

普通秋沙鸭 *Mergus merganser*

Goosander

鸟纲—雁形目—鸭科—秋沙鸭属

保护状况 “三有”，IUCN等级LC，中国生物多样性红色名录等级LC。

野外识别特征 秋沙鸭属最大的一种。雄鸟的头部呈深绿色，枕部有短的羽冠；颈部为白色；背部和腰部为灰色和黑色；翅膀上有一片白色的大翼镜；胸部和腹部为白色。雌鸟的头部为棕褐色，上半身为灰色，下半身为白色。

栖息生境 繁殖期栖息于森林及其附近的江河、湖泊和河口地区，同时也在开阔的高原水域出现。非繁殖期栖息于大型内陆湖泊、江河、水库、池塘以及河口等淡水水域。

生活习性 候鸟，通常以小群的形式迁徙，一般沿着河流迁徙，飞行高度通常较低，多紧靠水面飞行。在冬季结成数十甚至上百只的大群，偶尔也有单只活动。性机警，人难接近。主要通过潜水觅食，主食小鱼及水生无脊椎动物，偶尔也吃植物性食物。

保护区分布 保护区少见种，冬候鸟，主要分布在崆峒水库。

杜进军 摄

赤麻鸭 *Tadorna ferruginea*

Ruddy Shelduck

鸟纲—雁形目—鸭科—麻鸭属

保护状况 “三有”，IUCN等级LC，中国生物多样性红色名录等级LC。

野外识别特征 体形较大，整体羽毛呈黄褐色。雌雄外观基本相似，但雄鸟具有黑色的颈环，翼下覆羽为白色，初级飞羽为黑色，翼镜为铜绿色。

栖息生境 江河、湖泊、河口、水塘以及水域附近的草原、荒地、沼泽、沙滩、农田和平原疏林等各种生境中。

生活习性 候鸟，成家族群或更大的群体进行迁飞。繁殖期通常成对生活，非繁殖期则以家族群和小群为单位生活。性机警，难以接近。生性好斗。以水生植物的叶、芽、种子，农作物幼苗，沉水植物等为主食，同时也食用陆生、水生无脊椎动物，以及小型脊椎动物。

保护区分布 保护区少见种，留鸟，主要分布在泾河湾。

包新康　摄

杜进军　摄

鸳鸯 *Aix galericulata*
Mandarin Duck

鸟纲—雁形目—鸭科—鸳鸯属

保护状况　国家Ⅱ级，IUCN等级LC，中国生物多样性红色名录等级NT。

野外识别特征　体长约443 mm，雌雄异色。雌鸟色暗淡，无羽冠和扇状直立羽。雄鸟羽色鲜艳而华丽，头部有羽冠，眼后有白色纹；翅膀上有一对明显的栗黄色扇状直立羽。

栖息生境　河流、湖泊、水塘、芦苇沼泽和稻田地。

生活习性　除繁殖期外，常常成群活动，在迁徙季节和冬季集群数量多达百只，有时也会与其他野鸭混群。善于游泳和潜水，在陆地上也行走得很好。性机警，遇到人或其他干扰会立即起飞，并发出尖细的鸣声。杂食性，繁殖季节以动物性食物为主，冬季几乎以坚果为主。

保护区分布　保护区少见种，旅鸟，主要分布在崆峒水库和泾河。

杜进军　摄

红头潜鸭 *Aythya ferina*

Common Pochard

鸟纲—雁形目—鸭科—潜鸭属

保护状况 “三有”，IUCN 等级 VU，中国生物多样性红色名录等级 LC。

野外识别特征 雄鸟头和颈栗红色；上背和胸黑色；下背和两肩灰色，有明显的黑色波状细斑；翼镜和腹部灰色。雌鸭头颈棕褐色；胸部暗黄褐色；腹部灰褐色。

栖息生境 水生植物生长旺盛的开阔湖泊、水库、水塘、河湾等各类水域中。

生活习性 通常成群活动，偶尔与其他鸭类混群。白天多在开阔的水面活动、游泳或睡觉，也会成群在岸边休息。性情胆怯而机警，善于潜水，危急时也能从水面直接起飞。飞行速度很快，但在地上行走相对困难。食物主要包括水藻，水生植物的叶、茎、根和种子，春、夏季节也会觅食水生无脊椎动物和小鱼。

保护区分布 保护区少见种，旅鸟，主要分布在泾河和崆峒水库。

熊 能 摄

杜进军 摄

白眼潜鸭 *Aythya nyroca*

Ferruginous Duck

鸟纲—雁形目—鸭科—潜鸭属

保护状况 “三有”，IUCN 等级 NT，中国生物多样性红色名录等级 NT。

野外识别特征 中等体形，体长 410 mm 的全深色型鸭。雄鸭胸部的暗栗色与白色的腹部形成鲜明的分界。翼镜和尾下覆羽均为白色。

栖息生境 水生植物茂密的湖泊、池塘、海湾、河口和沼泽地带。

生活习性 迁徙性鸟类，迁徙时常成群活动。非常擅长潜水，但在水下停留时间并不长。经常在富有芦苇和水草的水面活动，并潜伏其中。性情胆小而机警，常常成对或成小群活动。杂食性，以植物性食物为主，主要吃各类水生植物的球茎、叶、芽、嫩枝和种子，同时也会觅食水生无脊椎动物和小鱼。

保护区分布 保护区少见种，冬候鸟，主要分布在泾河湾。

赵 伟 摄

斑嘴鸭 *Anas zonorhyncha*

Chinese Spot-billed Duck

鸟纲—雁形目—鸭科—鸭属

保护状况　“三有”，IUCN 等级 LC，中国生物多样性红色名录等级 LC。

野外识别特征　雌雄羽色相似，上嘴为黑色，端部黄色。身体羽毛通常为棕褐色，具有明显的白色眉斑。飞行时翼镜呈现金属蓝绿色的光泽，闪现紫色光。

栖息生境　内陆的湖泊、水库、江河、水塘、河口、沙洲和沼泽。

生活习性　除繁殖期外，通常会成群活动，也会与其他鸭类混群。春季迁徙期间，以小群的形式飞往繁殖地，而秋季往往会集成更大规模的群体。擅长游泳，也善于行走，很少潜水。主要食物包括水生植物的叶、嫩芽、茎、根，以及水生藻类、草籽和谷物种子。此外也会吃昆虫、软体动物等动物性食物。

保护区分布　保护区常见种，留鸟，主要分布在泾河湾。

杜进军　摄

绿头鸭 *Anas platyrhynchos*

Mallard

鸟纲—雁形目—鸭科—鸭属

保护状况　“三有”，IUCN等级LC，中国生物多样性红色名录等级LC。

野外识别特征　体长470～620 mm的大型野鸭。雄鸭头颈翠绿色，颈基部有一条白色的领环，与栗色的胸部相隔开。雌鸭背部呈黑褐色，腹部浅棕色并杂有褐色的斑点。翼镜蓝绿色。

栖息生境　水生植物丰富的湖泊、河流、池塘、沼泽。

生活习性　除繁殖期外，通常会形成群体活动，尤其是在迁徙和越冬期间，常会集结成数十、数百甚至数千只的大群。性格活泼，可能在水面上游泳，也可能栖息在水边的沙洲或岸边。活动时经常发出清脆响亮的“ga-ga-ga”的叫声。杂食性，以植物性食物为主，同时也吃水生无脊椎动物。

保护区分布　保护区优势种，留鸟，主要分布在泾河湾和崆峒水库。

赵　伟　摄

杜进军　摄

针尾鸭 *Anas acuta*

Northern Pintail

鸟纲—雁形目—鸭科—鸭属

保护状况 “三有”，IUCN等级LC，中国生物多样性红色名录等级LC。

野外识别特征 体长约700 mm的大型鸭类。雄鸭颈侧的白纹向下与白色胸部相连，一对中央尾羽延长，翼镜为绿色。雌鸭上体黑褐色，翼镜不明显；下体大部分呈白色。

栖息生境 河流、湖泊、沼泽、河湾、湿草地和水库。

生活习性 通常以3～5只为一小群集结活动，有时与其他鸭混群。性格胆小，稍有动静，会立刻飞离，其飞行速度较快。雄鸭的叫声温和且低沉，类似于“Kuaq，Kuaq”的音调。杂食性，日常以植物性食物为主，繁殖期以动物性食物为主。

保护区分布 保护区常见种，旅鸟，主要分布在泾河湾。

苏文强 摄

绿翅鸭 *Anas crecca*

Common Teal

鸟纲—雁形目—鸭科—鸭属

保护状况　“三有”，IUCN等级LC，中国生物多样性红色名录等级LC。

野外识别特征　体长370 mm左右小型鸭类。雌雄都有金属翠绿色的翼镜，但雄性更为醒目。雄鸭的头部呈深栗色，头顶两侧到眼后各具有一条绿色的带状斑纹。

栖息生境　繁殖期主要栖息在水生植物茂盛、少受干扰的中小型湖泊和各种水塘中。非繁殖期栖息在开阔的大型湖泊、江河、河口、港湾、沙洲、沼泽和沿海地带。

生活习性　喜集群，在迁徙季节和冬季，常见成百上千只的大群活动。迁飞时排成一条线或“V”字形，飞行速度快且有力，常发出鼓翼声。水面起飞灵巧，游泳能力强，但陆地行走笨拙。以植物性食物为主，此外也吃水生无脊椎动物。

保护区分布　保护区少见种，冬候鸟，主要分布在泾河湾。

赵　伟　摄

杜进军　摄

小䴙䴘 *Tachybaptus ruficollis*

Little Grebe

鸟纲—䴙䴘目—䴙䴘科—小䴙䴘属

保护状况 “三有”，IUCN 等级 LC，中国生物多样性红色名录等级 LC。

野外识别特征 体形较小，体长 250～320 mm。上体黑褐色而有光泽，颈侧呈现棕栗色，胸部淡栗色，腹部白色沾有淡灰色。春羽除双翅外都呈绒毛状，头和颈部呈淡黄栗色；冬羽颏部及喉部白色。

栖息生境 丛生芦苇、灯芯草、香蒲的沼泽、池塘、湖泊中。

生活习性 性怯懦，常匿居草丛间或水中，一遇惊扰即潜入水中。通常单独或成小群活动，繁殖期会在水面上追逐鸣叫。善于游泳和潜水，飞行能力较弱，一般只做短距离飞行，受惊时会紧急扇动翅膀，贴近水面飞行。主要捕食小鱼，偶尔也会捕捉小虾或水中的小型节肢动物。

保护区分布 保护区少见种，留鸟，主要分布在泾河湾。

廖继承 摄

赵 伟 摄

凤头䴙䴘 *Podiceps cristatus*

Great Crested Grebe

鸟纲—䴙䴘目—䴙䴘科—䴙䴘属

保护状况 “三有”，IUCN等级LC，中国生物多样性红色名录等级LC。

野外识别特征 外形似鸭，体长500 mm以上。繁殖羽头部有明显黑褐色羽冠，脸、颏、眼先白色，脸侧至上颈有栗红色至深褐色饰羽。前颈至胸腹白色，背部黑褐，体侧棕褐色。非繁殖羽羽色浅，无栗红色。

栖息生境 湖泊、江河近岸和水库中。

生活习性 有时单独或成对活动，或集成3～5只小群在水域活动。擅长潜水，受惊扰时多潜水遁逃，很少起飞。飞行时距水面稍高，初离水面稍起水花，飞距不远。主要吃水生植物、昆虫、甲壳类和小鱼。

保护区分布 保护区少见种，夏候鸟，主要分布在泾河湾。

杜进军 摄

赵 伟 摄

岩鸽 *Columba rupestris*

Hill Pigeon

鸟纲—鸽形目—鸠鸽科—鸽属

保护状况　“三有”，IUCN等级LC，中国生物多样性红色名录等级LC。

野外识别特征　外观像家鸽，但有两道宽阔的白色横带，一道位于腰部，另一道位于近尾端处。颈部和胸部通常呈现紫绿色的金属光泽。

栖息生境　山地岩石和悬崖峭壁处，有时也会出现在海拔5 000 m以上的高山和高原地区。

生活习性　经常结成小群到山谷和平原田野上觅食，有时也会形成近百只的大群。性情相对温顺，叫声与家鸽相似，鸣叫时经常频频点头。主要以植物种子、果实、球茎、块根等植物性食物为食，也会吃一些农作物种子。

保护区分布　保护区少见种，留鸟，主要分布在麻武乡。

赵　伟　摄

杜进军　摄

山斑鸠 *Streptopelia orientalis*

Oriental Turtle-dove

鸟纲—鸽形目—鸠鸽科—斑鸠属

保护状况 “三有”，IUCN等级LC，中国生物多样性红色名录等级LC。

野外识别特征 颈部两侧有明显的黑白条纹状斑块。上体大部分呈褐色，具扇贝状斑纹。肩羽具有明显的红褐色羽缘，尾端呈灰白色，而下体主要为葡萄酒般的红褐色。

栖息生境 低山丘陵、平原和山地阔叶林、混交林、次生林、果园和农田。

生活习性 常成对或成小群活动，有时会成对栖息和觅食。在地面活动时非常活跃，常常小步迅速前进，边走边觅食，头前后摆动。鸣声低沉，声音类似于“ku-ku-ku”的音调，反复多次。主要食物包括各种植物的果实、种子、草籽、嫩叶、幼芽，农作物，有时也吃鳞翅目幼虫、甲虫等。

保护区分布 保护区少见种，留鸟，主要分布在麻武乡和后河。

杜进军　摄

赵　伟　摄

灰斑鸠 *Streptopelia decaocto*

Eurasian Collared-dove

鸟纲—鸽形目—鸠鸽科—斑鸠属

保护状况　“三有”，IUCN等级LC，中国生物多样性红色名录等级LC。

野外识别特征　体形比山斑鸠稍小，上体大多呈淡葡萄褐色，后颈有一道半月状的黑色领环，下体呈淡鸽灰色，胸部有粉红色的斑纹。

栖息生境　平原、山麓和低山丘陵地带树林中。

生活习性　群居物种，通常以小群形式或与其他斑鸠混群活动，食物丰富时，会形成相当大的群落。叫声为“咕咕-咕”，第二声较重，并会重复多次。主要以各种植物果实和种子为食，也吃草籽、农作物的谷粒和昆虫。

保护区分布　保护区少见种，留鸟，分布在保护区的村庄和林缘。

赵　伟　摄

廖继承　摄

珠颈斑鸠 *Spilopelia chinensis*

Eastern Spotted Dove

鸟纲—鸽形目—鸠鸽科—斑鸠属

保护状况　“三有”，IUCN等级LC，中国生物多样性红色名录等级LC。

野外识别特征　头部为灰色，上体大多为褐色，而下体则呈现粉红色。后颈有一宽阔的黑羽领圈，上缀着黄色至白色的珠状细斑。外侧尾羽呈黑褐色，末端呈白色，在展开尾羽时十分明显。

栖息生境　稀疏树木生长的平原、草地、低山丘陵和农田地带，也见于村庄附近的杂木林。

生活习性　常常成小群活动，有时会与其他斑鸠混群。通常栖息于树枝头，觅食则在地上进行，一旦受惊会立刻飞到附近的树上。飞行速度快，但不能持续太久。鸣声响亮，常常发出“ku-ku-u-ou”的鸣叫声，有时在飞行中也会点头鸣叫。主要以植物种子为食，尤其是农作物种子。有时也吃昆虫等动物性食物。

保护区分布　保护区少见种，留鸟，保护区全境有分布。

包新康　摄

杜进军　摄

白腰雨燕 *Apus pacificus*
Pacific Swift

鸟纲—夜鹰目—雨燕科—雨燕属

保护状况 “三有”，IUCN 等级 LC，中国生物多样性红色名录等级 LC。

野外识别特征 体长约 180 mm，全身羽毛为黑褐色，但头顶、背部和双翼具有浅色的羽缘，胸部、腹部和尾下覆羽末端呈现白色细横纹状。双翼狭长，腰部有宽白带，尾巴长且呈深叉状。

栖息生境 陡峭的山坡、悬崖和靠近水源（如河流、水库等）的峭壁附近。

生活习性 喜欢成群活动，常在栖息地上空来回飞翔。在阴天倾向于低空飞翔，常以极快的速度穿越地面或水面；而在晴朗的天气里，常高空飞翔，或者在森林上空成圈飞行。飞行速度非常快，常常在飞行时发出尖细的单音节叫声。以各种昆虫为食，在飞行中捕食。

保护区分布 保护区少见种，夏候鸟，主要分布在崆峒峡、十万沟和大阴山。

赵 伟 摄

普通雨燕 *Apus apus*

Common Swift

鸟纲—夜鹰目—雨燕科—雨燕属

保护状况　“三有”，IUCN等级LC，中国生物多样性红色名录等级LC。

野外识别特征　体长约180 mm，体形似家燕，但稍大且两翼特别地延长，飞行时向后弯曲，形状如同镰刀。体羽几乎全为纯黑褐色，仅颏、喉呈灰白色。

栖息生境　森林、平原、荒漠、海岸和城镇等各种生境中。常选择高大的古建筑、宝塔、庙宇、岩壁以及城墙的缝隙栖息。

生活习性　季节性的夏候鸟，每年的4—5月迁徙到繁殖地，而在8月迁徙离开。飞行时的振翅频率相对较慢，白天常常成群在空中飞翔捕食昆虫，尤其是在晨昏、阴天和雨前活动最为频繁。飞行速度很快，常常边飞边发出清脆响亮的叫声。主要以飞行性昆虫为食。

保护区分布　保护区少见种，夏候鸟，主要分布在崆峒山。

赵　伟　摄

噪鹃 *Eudynamys scolopaceus*

Western Koel

鸟纲—鹃形目—杜鹃科—噪鹃属

保护状况　“三有”，IUCN 等级 LC，中国生物多样性红色名录等级 LC。

野外识别特征　跗跖无羽，尾长，几乎与翅膀等长，飞行时略呈扇形。雄鸟大致为黑色，并带有蓝色的光泽。雌鸟主要呈褐色，身上布满白色斑点，下体有横斑混杂其中。

栖息生境　山地、丘陵和山脚平原地带，特别是树木茂盛的地方。

生活习性　专性巢寄生鸟类，常将卵产在其他鸟类的巢中，例如家鸦、家八哥和棕背伯劳等。通常独自活动，喜欢隐藏在大树顶层茂盛的枝叶丛中，很难被发现。鸣叫声嘈杂而响亮，通常以“Ko-el”声为主，雌鸟则发出类似于“kuil, kuil, kuil”的声音。主要以植物的果实和种子为食，也吃昆虫和昆虫幼虫。

保护区分布　保护区少见种，留鸟，主要分布在太统山。

包新康　摄

大杜鹃 *Cuculus canorus*

Common Cuckoo

鸟纲—鹃形目—杜鹃科—杜鹃属

保护状况 “三有”，IUCN等级LC，中国生物多样性红色名录等级LC。

野外识别特征 体长290～340 mm，翅尖较长，翅缘白色并带有褐色细横斑，腹部密布着宽度约1～2 mm的狭形横斑，尾部没有近端黑斑。

栖息生境 山地、丘陵和平原地带的森林中，农田和居民点附近高的乔木树上。

生活习性 夏候鸟，性孤独，常单独活动。飞行快速而有力，常直线前进。飞行时两翅震动幅度较大，但无声响。喜欢站在高处鸣叫，因在繁殖期常昼夜反复发出“布谷”的鸣叫声，故又叫作“布谷鸟”。鸣声二声一度。主要以昆虫为食，特别是松毛虫、舞毒蛾等鳞翅目幼虫。

保护区分布 保护区少见种，夏候鸟，主要分布在甘沟。

杜进军 摄

黑水鸡 *Gallinula chloropus*

Common Moorhen

鸟纲—鹤形目—秧鸡科—黑水鸡属

保护状况 “三有”，IUCN等级LC，中国生物多样性红色名录等级LC。

野外识别特征 中型涉禽，体长240～350 mm。通体大致呈黑色，嘴为黄绿色，上嘴基至额甲为鲜红色。尾下覆羽两侧为白色，中间为黑色，在游泳时尾部向上翘，露出尾下的两块白斑，非常明显。

栖息生境 芦苇和挺水植物茂密的淡水湿地、沼泽、湖泊、水库、水渠中。

生活习性 常成对或成小群活动，善于游泳和潜水，经常在水生植物边缘游泳，在危急情况下会游进苇丛或水草丛中，也能潜入水中较长时间并潜行达10 m以上。飞行时通常缓慢且不作远距离飞行，常紧贴水面飞行。主要以水生植物的嫩叶、幼芽、根茎以及水生无脊椎动物为食。

保护区分布 保护区少见种，夏候鸟，主要分布在崆峒水库和泾河。

包新康　摄

杜进军　摄

白骨顶 *Fulica atra*

Common Coot

鸟纲—鹤形目—秧鸡科—骨顶属

保护状况 “三有”，IUCN等级LC，中国生物多样性红色名录等级LC。

野外识别特征 中型游禽，像小野鸭，常在开阔水面上游泳。全身呈灰黑色，趾间具有瓣蹼，具有白色的额甲。

栖息生境 芦苇等挺水植物多的大面积静水或近海的水域，如湖泊、水库、苇塘、河坝、灌渠、河湾、沼泽地、泛滩和盐水湖。

生活习性 除繁殖期外常成群活动。善于游泳和潜水，经常在水中活动，喜欢在芦苇丛和水草边的开阔水面上游泳，并不时点头晃动身体。当受到惊吓时，会迅速起飞，飞行时通常在水面附近低空飞行。其鸣声短促而嘈杂，类似于“咔咔咔”的声音。杂食性，以各种水生动物和植物为食。

保护区分布 保护区少见种，留鸟，主要分布在崆峒山水库、泾河和胭脂河。

杜进军 摄

赵 伟 摄

大鸨 *Otis tarda*

Great Bustard

鸟纲—鸨形目—鸨科—鸨属

保护状况　国家Ⅰ级，CITES 附录Ⅱ，IUCN 等级 VU，中国生物多样性红色名录等级 EN。

野外识别特征　雄鸟全长约 1 000 mm，雌鸟略小。颈部粗直，腿强健。头部、颈部和前胸呈灰色，其余上体为栗棕色，并密布着宽阔的黑色横斑。两翅覆羽白色，在飞行时形成大的白斑。雄鸟下体自前胸以下灰白，颏下有细长向两侧伸出的须状纤羽。

栖息生境　开阔的平原、干旱草原、稀树草原和半荒漠地区。

生活习性　性耐寒、机警，很难靠近，善于奔走但不鸣叫。大部分时间集群活动，形成由同性别和同年龄个体组成的群体。当受惊时会采取威慑的姿势，如头下低、弓背、尾羽向上展开呈扇状等，并发出“哈哈”的喘气声以吓退来犯者。杂食性，食物包括植物的嫩叶、嫩芽、种子以及各类昆虫、蛙等。

保护区分布　保护区少见种，旅鸟，主要分布在泾河。

曹　毅　摄

黑鹳 *Ciconia nigra*
Black Stork

鸟纲—鹳形目—鹳科—鹳属

保护状况　国家Ⅰ级，CITES附录Ⅱ，IUCN等级LC，中国生物多样性红色名录等级VU。

野外识别特征　体形较大，重约2 500 g。上体自头至尾呈黑色且具紫绿色闪光，胸部与上体同色，下体其余部分为白色。嘴呈朱赤色，腿和脚为褐色偏红。

栖息生境　偏僻而无干扰的开阔林地、池塘、沼泽、河岸等。

生活习性　迁徙鸟，其迁徙路径和目的地因不同地理区域而异。栖息于水边浅水处或沼泽地上，通常白天活动，晚上则多成群栖息在水边沙滩或水中沙洲上。性机警而胆小，听觉、视觉均很发达。主要以各种小型鱼类为食，同时也吃各种其他动物性食物。

保护区分布　保护区少见种，旅鸟，主要分布在崆峒水库。

杜进军　摄

白琵鹭 *Platalea leucorodia*

Eurasian Spoonbill

鸟纲—鹈形目—鹮科—琵鹭属

保护状况　国家Ⅱ级，CITES附录Ⅱ，IUCN等级LC，中国生物多样性红色名录等级NT。

野外识别特征　体长700～950 mm的大型涉禽。体羽几乎全为白色，飞行时可见初级飞羽的端部为黑色。喙长而扁平，前端黄色扩展为琵琶状，中间黑色。趾为黑色。

栖息生境　湖泊、河流、沼泽和水库。

生活习性　常结小群在水域活动，有时与其他水鸟混群。休息时成一字形散开，性机警，难以接近。常排单行或呈波浪式的斜列飞行。既能鼓翼飞翔，也能利用热气流进行滑翔。琵琶状特化的喙可用于水中滤食。主要捕食水生昆虫、鱼类和蛙类。捕食的动作机械且有特色。

保护区分布　保护区少见种，留鸟，主要分布于泾河湾。

杜进军　摄

大麻鳽 *Botaurus stellaris*

Great Bittern

鸟纲—鹈形目—鹭科—麻鳽属

保护状况 甘肃省省级保护，“三有”，IUCN 等级 LC，中国生物多样性红色名录等级 LC。

野外识别特征 体长 600～770 mm 的中型鹭科鸟。体形似草鹭但更加粗壮。头顶和后颈黑色，上体至尾黄褐色，具不规则的黑色斑，翅具黑色横纹，前颈及胸有棕色纵纹；下体底色棕黄，有黑褐色纵斑。

栖息生境 近水的芦苇或高草丛中。

生活习性 除繁殖期外均单独活动，迁徙季节集 5～8 只的群。夜行性，白天隐藏在水边的草丛中，傍晚和黄昏活动。受惊时常在草丛中站立不动，头、颈向上伸直，嘴尖朝天，与环境融为一体，当人走至跟前，不得已时会起飞。飞行缓慢，常贴草飞行不远又落入草丛。主要捕食小鱼、虾和蛙类。

保护区分布 保护区少见种，夏候鸟，主要分布于泾河湾。

杜进军 摄

池鹭 *Ardeola bacchus*

Chinese Pond-heron

鸟纲—鹈形目—鹭科—池鹭属

保护状况　“三有”，IUCN等级LC，中国生物多样性红色名录等级LC。

野外识别特征　繁殖期成鸟头、颈、胸呈栗红色，背部蓝黑色蓑羽，延伸至尾羽末端，翅白；非繁殖期蓝色消失，上体红色暗淡，颈部和胸部带有白色纵纹。

栖息生境　稻田、池塘、湖泊、水库和沼泽湿地等水域。

生活习性　4月初到中旬迁往北方繁殖地，9月末—10月初以分散的小群或家族群的形式向南迁徙。常常与夜鹭、白鹭、牛背鹭等一起组成巢群，在竹林、杉林等林木的顶部筑巢。性胆大，不甚畏人，白天或黄昏时活动，常站在水边或浅水中迅速用喙抓食。以动物性食物为主食，兼食少量植物性食物。

保护区分布　保护区少见种，夏候鸟，主要分布在泾河湾。

赵　伟　摄

杜进军　摄

牛背鹭 *Bubulcus ibis*

Eastern Cattle Egret

鸟纲—鹈形目—鹭科—牛背鹭属

保护状况　“三有”，IUCN等级LC，中国生物多样性红色名录等级LC。

野外识别特征　体形较小，嘴较厚，颈较粗短。在冬季羽毛几乎全白，脚部可能有些许黄绿色。而在繁殖期，头部、颈部、背部等羽毛会变成浅黄色，嘴和脚可能呈现红色。

栖息生境　平原草地、牧场、湖泊、水库、低山水田、池塘、旱田和沼泽地上。

生活习性　常成对或成小群活动，偶尔也会单独或集成大群。喜欢站在树梢上休息，颈部呈“S”形。常常跟随牛类活动，在牛背上或在耕田的牛后面觅食昆虫和寄生虫。性活跃而温驯，不怕人。飞行时头缩入背部，颈部向下突出，呈现出喉囊的形状。主要以各种昆虫为食，也吃少量其他小型动物。

保护区分布　保护区少见种，夏候鸟，主要分布在泾河湾。

杜进军　摄

苍鹭 *Ardea cinerea*

Grey Heron

鸟纲—鹈形目—鹭科—鹭属

保护状况　“三有”，IUCN 等级 LC，中国生物多样性红色名录等级 LC。

野外识别特征　大型涉禽，体长约 1 000 mm。体羽大都是淡灰色，飞羽色深，腹面呈白色。在站立和飞行时常常曲颈呈“S”形，中趾连爪短于跗跖之长。

栖息生境　河流、湖泊、水塘等水域岸边及其浅水处。

生活习性　成对或成小群活动，在迁徙期间和冬季会集成大群，有时会与白鹭混群。常常单独涉于水边浅水处。在清晨和傍晚最为活跃，有时会长时间地站在水边等待食物的到来，被称为“长脖老等”。飞行时颈部呈“Z”形，两脚向后伸直。主要以小型鱼类、泥鳅、虾、蜻蜓幼虫、蜥蜴、蛙和昆虫等动物性食物为食。

保护区分布　保护区少见种，留鸟，主要分布在泾河湾。

杜进军　摄

赵　伟　摄

草鹭 *Ardea purpurea*

Purple Heron

鸟纲—鹈形目—鹭科—鹭属

保护状况 甘肃省省级保护，“三有”，IUCN等级LC，中国生物多样性红色名录等级LC。

野外识别特征 体形较苍鹭更为瘦长，颈部细长，颈侧为栗褐色并具有黑色条纹，而下体为黑色。中趾连爪与跗跖大致等长，或者稍长。

栖息生境 有成片水生植物的开阔平原和低山丘陵地带的湖泊、河流、沼泽、水库和水塘岸边及其浅水处。

生活习性 常分散开单独或成对活动和觅食，休息时则会聚集在一起。迁徙时常集成小群或大群迁飞。行动迟缓，喜欢在水边浅水处低头觅食，有时也会长时间地站立不动。飞行时，颈向后缩成“Z”字形，飞行速度慢而从容。主要以小鱼、蛙、甲壳类、蜥蜴、蝗虫等动物为食。

保护区分布 保护区少见种，夏候鸟，主要分布在崆峒水库和泾河。

苏文强　摄

大白鹭 *Ardea alba*

Great White Egret

鸟纲—鹈形目—鹭科—白鹭属

保护状况 甘肃省省级保护，“三有”，IUCN 等级 LC，中国生物多样性红色名录等级 LC。

野外识别特征 通体洁白，肩部和背部披有延伸至尾部的蓑羽，繁殖后蓑羽会脱落。嘴呈绿黑色，在非繁殖季节可能会变成黄色。面部裸露的部分和眼周通常呈绿色。

栖息生境 开阔平原和山地丘陵地区的河流、湖泊、水田、海滨、河口及其沼泽地带。

生活习性 通常以 1 只或 10 只左右的小群活动，繁殖季节可能会形成数百只的大群，偶尔也会和其他鹭混群。白天活动，十分谨慎，一旦发现人类靠近就会立即飞走。起飞初期两翅扇动较为笨拙，脚悬垂于下，但达到一定高度后飞行就变得非常灵活，两脚向后伸直，头缩到背上，颈向下突出成囊状。以昆虫以及小型脊椎动物为食。

保护区分布 保护区少见种，留鸟，主要分布在泾河湾。

赵 伟 摄

杜进军 摄

中白鹭 *Ardea intermedia*

Intermediate Egret

鸟纲—鹈形目—鹭科—白鹭属

保护状况 甘肃省省级保护，“三有”，IUCN等级LC，中国生物多样性红色名录等级LC。

野外识别特征 外形类似白鹭，但羽冠不明显，爪为黑色，眼先裸露，皮肤黄绿色。背部和胸部的蓑羽在非繁殖季节脱落，嘴的颜色也会由繁殖时的黑色变为黄色。

栖息生境 河流、湖泊、沼泽、河口、海边和水塘岸边浅水处及河滩上。

生活习性 单独、成对或小群的方式活动，有时也会与其他种类的鹭混群。警惕性很高，一旦发现人类靠近，就会迅速飞走。飞行时颈部呈“S”形，两脚向后伸直超出尾部，两翅扇动缓慢。通常在白昼或黄昏活动。以鱼类、虾类、蛙、蝗虫、蝼蛄等动物性食物为主，也食用其他小型脊椎动物。

保护区分布 保护区少见种，旅鸟，主要分布在泾河湾。

赵 伟 摄

白鹭 *Egretta garzetta*

Little Egret

鸟纲—鹈形目—鹭科—白鹭属

保护状况 甘肃省省级保护，“三有”，IUCN等级LC，中国生物多样性红色名录等级LC。

野外识别特征 个体较小，体羽为白色。在繁殖期，枕部会长有两根狭长的长矛状飘羽，背部的蓑羽通常会长过尾部。嘴黑色，但在冬季下嘴会变为黄色，脚部为黑色，但趾部呈绿黄色。

栖息生境 沿海岛屿及其沿海附近的海岸、海湾，湖泊、水塘、河口、河流。

生活习性 常集小群活动于浅水或河滩，白天在水域觅食，夜晚飞回林地休息。常漫步在河边、盐田或水田地中，边走边觅食，利用其长嘴、长颈和长腿捕食水中的动物，有时也会站在水边等待捕食机会。主要以各种小型鱼类为食，也吃虾、蟹、蛙类、软体动物、蝌蚪和水生昆虫等动物性食物。

保护区分布 保护区少见种，夏候鸟，主要分布在崆峒水库和泾河。

赵 伟 摄

杜进军 摄

普通鸬鹚 *Phalacrocorax carbo*
Great Cormorant

鸟纲—鲣鸟目—鸬鹚科—鸬鹚属

保护状况 “三有”，IUCN等级LC，中国生物多样性红色名录等级LC。

野外识别特征 体长约720～900 mm，通体黑色，有绿褐色金属光泽。站立时身体差不多与地面保持垂直，飞行时直线前进，头、脚、胸垂直，面部裸出部分延到嘴角后方，其边缘羽毛纯白。

栖息生境 河流、湖泊、水库和沼泽等水域。

生活习性 单独或成群活动，繁殖与迁徙季节集群。常在水域附近的岩石或树枝上晾晒羽毛，量多时可达上百只。擅长潜水与游泳，潜水时长每次30～45 s。平时啄食小鱼，潜水猎捕，有时可猎捕体长20～40 cm的大鱼，因此有渔民驯养捕鱼。也捕食蛙类和蟾蜍。

保护区分布 保护区少见种，冬候鸟，主要分布在泾河和崆峒水库。

赵 伟 摄

鹮嘴鹬 *Ibidorhyncha struthersii*

Ibisbill

鸟纲—鸻形目—鹮嘴鹬科—鹮嘴鹬属

保护状况　国家Ⅱ级，IUCN等级LC，中国生物多样性红色名录等级NT。

野外识别特征　上体以灰色为主，胸以下为纯白色。胸部有一条黑色环带，尾上覆羽为黑色。尾羽为灰褐色，外侧有黑白色斑点。嘴细长且向下弯曲，呈朱红色。腿也是红色，仅有3个趾。

栖息生境　山地、高原和丘陵地区的溪流和多砾石的河流沿岸。

生活习性　单独或成3～5只的小群活动，在河流两岸的砾石滩和沙滩上觅食。有时也会涉水到齐腹深的水中，将头和颈伸入水中觅食。性机警，稍有声响就会停止活动，直到危险临近时才会迅速离开或飞走。主要以蠕虫、蜈蚣以及各种昆虫和昆虫幼虫为食，也吃小鱼、虾和软体动物。

保护区分布　保护区少见种，留鸟，主要分布在泾河湾。

周玉国　摄

杜进军　摄

反嘴鹬 *Recurvirostra avosetta*

Pied Avocet

鸟纲—鸻形目—反嘴鹬科—反嘴鹬属

保护状况　“三有”，IUCN等级LC，中国生物多样性红色名录等级LC。

野外识别特征　喙细长，末端向上弯曲；头与眼先黑色，身体上部为白色，头顶、肩羽和翅膀有黑色斑块，对比鲜明；腿修长。

栖息生境　浅水湿地、湖泊、沼泽和海岸等地。

生活习性　常单独或成对活动，迁徙时集群活动。主要以小型甲壳类、水生昆虫和软体动物为食。觅食时常将喙插入水中或泥中，左右来回扫动。擅长游泳，游泳时也会觅食。

保护区分布　保护区少见种，夏候鸟，主要分布在泾河湾。

赵　伟　摄

杜进军　摄

黑翅长脚鹬 *Himantopus himantopus*

Black-winged Stilt

鸟纲—鸻形目—反嘴鹬科—长脚鹬属

保护状况 “三有”，IUCN等级LC，中国生物多样性红色名录等级LC。

野外识别特征 体长约370 mm。头顶和翅膀黑色，尾羽灰褐色，其余白色。嘴细长而直，胫和跗跖特别细长，跗跖长度超过中趾（包括爪）的两倍，仅有3个趾。嘴和腿呈粉红色。

栖息生境 平原草地中的湖泊、浅水塘和沼泽地带。

生活习性 单独、成对或成小群在浅水中或沼泽地上活动，有时也会涉水到齐腹深的水中觅食。非繁殖季节常聚集成较大的群体。行走缓慢，步履稳健、轻盈，姿态优美。性胆小而机警，当有干扰者接近时，常会不断点头示威，然后飞走。主要以水生无脊椎动物和小型脊椎动物为食。

保护区分布 保护区少见种，夏候鸟，主要分布在泾河湾。

赵 伟 摄

凤头麦鸡 *Vanellus vanellus*

Northern Lapwing

鸟纲—鸻形目—鸻科—麦鸡属

保护状况 “三有”，IUCN等级NT，中国生物多样性红色名录等级LC。

野外识别特征 体形中等，嘴短而尖，具有长而翘曲的黑色羽冠。上体呈黑色，泛有绿光。喉部至胸部黑色，腹部白色；尾下部为红棕色。尾羽基部有宽大的白色斑块和黑色的次端斑。

栖息生境 低山丘陵、平原和草原地带的湖泊、水塘、沼泽、溪流和农田。

生活习性 成群活动，冬季常形成数十至数百只的大群。飞行能力很好，常在空中上下翻飞，但飞行速度较慢，飞行高度也不高。有时也会栖息在水边或草地上，当人类接近时，它们会伸长颈部注视，发现有危险就会立即起飞。主要以昆虫及其幼虫为食，也吃大量的杂草种子和植物嫩叶。

保护区分布 保护区少见种，夏候鸟，主要分布在泾河。

杜进军 摄

周玉国 摄

灰头麦鸡 *Vanellus cinereus*

Grey-headed Lapwing

鸟纲—鸻形目—鸻科—麦鸡属

保护状况 “三有”，IUCN等级LC，中国生物多样性红色名录等级LC。

野外识别特征 有黄色的眼先肉垂；尾羽上具有宽阔的黑色次端斑；初级飞羽黑色，次级飞羽白色；颏部、喉部和胸部为灰褐色，胸部以下有黑褐色边缘，形成半圆形的胸斑；其余下体为白色。

栖息生境 平原草地、沼泽、湖畔、河边、水塘以及农田地带。

生活习性 常成对或小群活动，喜欢长时间站在水边的半裸草地和田埂上休息，或者不时双双飞入空中，盘旋一会儿再落下。飞行速度非常慢，有时还会和凤头麦鸡一起活动。食物以甲虫、蝗虫、蚱蜢、鞘翅目和直翅目昆虫为主，也吃水蛭、螺、蚯蚓、软体动物，以及植物的叶子和种子。

保护区分布 保护区少见种，夏候鸟，主要分布在泾河湾。

赵 伟 摄

杜进军 摄

长嘴剑鸻 *Charadrius placidus*
Long-billed Plover

鸟纲—鸻形目—鸻科—鸻属

保护状况 “三有”，IUCN等级LC，中国生物多样性红色名录等级LC。

野外识别特征 中型涉禽，体长约190～200 mm。上体羽大都灰褐色。颈具白环，胸具黑色横带，前额黑，基部白色，外侧尾羽先端白色，次端黑褐色，眉纹白色。

栖息生境 河流漫滩、沼泽地以及水塘边。

生活习性 单独或成对栖息活动，行走敏捷，飞行疾速，常不远飞。在水边觅食。一对雌雄会形成单配偶制关系，并在整个繁殖季节保卫它们的领域。主要吃水生昆虫、昆虫幼虫和其他无脊椎动物。

保护区分布 保护区少见种，夏候鸟，主要分布在泾河湾。

苏文强　摄

金眶鸻 *Charadrius dubius*

Little Ringed Plover

鸟纲—鸻形目—鸻科—鸻属

保护状况 “三有”，IUCN等级LC，中国生物多样性红色名录等级LC。

野外识别特征 体形相对较小。额基具有黑色纹，通过眼先和眼周延伸至耳羽，形成黑色的贯眼纹。眼眶呈金黄色。前额和眉纹为白色；头顶前部有一宽黑色斑块，并且具有完整的黑色领环。嘴为黑色。

栖息生境 开阔平原和低山丘陵地带的湖泊、河流岸边以及附近的沼泽、草地和农田地带。

生活习性 3月末—4月初迁往东北的繁殖地，9月末—10月初向南迁徙。常单独或成对活动，偶尔也会集成小群，特别是在迁徙季节和冬季。常活动在水边的沙滩或沙石地上，行走速度非常快，常边走边觅食，并伴随着一种单调而细弱的叫声。主要以昆虫及小型水生无脊椎动物为食。

保护区分布 保护区少见种，夏候鸟，主要分布在泾河。

廖继承 摄

周玉国 摄

环颈鸻 *Charadrius alexandrinus*

Kentish Plover

鸟纲—鸻形目—鸻科—鸻属

保护状况　“三有”，IUCN等级LC，中国生物多样性红色名录等级LC。

野外识别特征　额和眉纹为白色，头顶前部具有黑色斑块。后颈有明显的白色领圈；胸侧的黑色斑块不会在胸部前方汇合形成胸带。飞行时翅上具有白色斑块，并一直延伸至尾部。嘴为黑色。

栖息生境　河岸沙滩、沼泽草地上、海边潮间带、河口三角洲、泥地、盐田、沿海沼泽和水田等地。

生活习性　迁徙期间常常集群活动，有时会与其他小型鸻鹬类结群觅食。集群觅食时，它们的啄食频率明显高于非集群时。当亲鸟遇到危险时，常常会装扮成受伤的样子，将一侧的翅膀拖拉在地面。以蠕虫、昆虫、软体动物为食，也吃植物种子和植物碎片。

保护区分布　保护区少见种，夏候鸟，主要分布在保护区河滩。

赵　伟　摄

廖继承　摄

扇尾沙锥 *Gallinago gallinago*
Common Snipe

鸟纲—鸻形目—鹬科—沙锥属

保护状况　“三有”，IUCN等级LC，中国生物多样性红色名录等级LC。

野外识别特征　体形与针尾沙锥相似，然而缺乏针状的尾羽。其喙细长且尖锐。背部色彩深沉，呈现黑色与棕色的斑驳图案，下体白色，颈部和胸部淡褐色，带有褐色纵纹。腋下羽毛为白色，并带有“V”字形的黑色斑纹。

栖息生境　河流漫滩及沼泽地。

生活习性　常单独或成小群活动，迁徙和越冬时会集成大群。隐蔽性较好，藏匿在地面附近的植被中。只有在人类靠近时，才会突然振翅高飞。受到惊吓时，发出尖锐叫声，并通过一系列复杂的空中“之”字形飞行动作来迷惑捕食者。在柔软的泥土中觅食，吃甲虫、蠕虫以及鞘翅目幼虫。

保护区分布　保护区少见种，旅鸟，主要分布在泾河。

杜进军　摄

周玉国　摄

矶鹬 *Actitis hypoleucos*

Common Sandpiper

鸟纲—鸻形目—鹬科—鹬属

保护状况 “三有”，IUCN等级LC，中国生物多样性红色名录等级LC。

野外识别特征 体形较小，翅长短于110 mm。具有明显的白色眉纹。上体呈暗褐色，具有橄榄色的金属光泽。中央尾羽与外侧尾羽的颜色不同。腋羽为白色。

栖息生境 高山溪流、河流、湖泊、水库、池塘近岸浅滩、水田和沼泽地。

生活习性 常单独或成对活动，非繁殖期也会形成小群。在休息时，尾部会不断上下摆动。行走时步履缓慢而轻盈，经常频繁地上下点头，有时也会沿着水边跑步。性机警，受惊吓会立即起飞，通常沿着水面低飞，飞行时身体呈弓形，并发出类似“矶-矶-矶”的叫声。主要以昆虫为食，也会吃水生无脊椎动物，以及小鱼和蝌蚪等小型脊椎动物。

保护区分布 保护区少见种，夏候鸟，主要分布在泾河和胭脂河。

赵 伟 摄

杜进军 摄

白腰草鹬 *Tringa ochropus*

Common Sandpiper

鸟纲—鸻形目—鹬科—鹬属

保护状况　“三有”，IUCN 等级 LC，中国生物多样性红色名录等级 LC。

野外识别特征　眼先有黑色纹，白色眉纹短。头部、后颈和背部呈暗橄榄褐色，并散布着淡棕色和白色的斑点；腰部和尾上覆羽几乎纯白；尾羽白色，中央尾羽末端具有黑褐色的横斑。腿灰绿色。

栖息生境　山地或平原森林中的湖泊、河流、沼泽、农田和水塘附近。

生活习性　常独自或成对活动，在迁徙期间，也会集成小群觅食，尤其喜欢肥沃多草的浅水田。经常上下摆动尾巴，边走边觅食。遇到干扰时，通常先快速地跑开，远离干扰者，然后躲藏在草丛或乱石中。如果干扰者继续接近，会突然飞起，并发出尖锐的鸣叫声。主要吃蠕虫、虾、蜘蛛、小蚌、田螺、昆虫、昆虫幼虫等。

保护区分布　保护区少见种，夏候鸟，主要分布在泾河湾。

杜进军　摄

林鹬 *Tringa glareola*

Wood Sandpiper

鸟纲—鸻形目—鹬科—鹬属

保护状况　“三有”，IUCN等级LC，中国生物多样性红色名录等级LC。

野外识别特征　与白腰草鹬相似，但白色眉纹相对较长，从嘴基延伸至耳后。颈部和胸部多有暗褐色的斑纹。翼下为白色，带有灰褐色的斑纹。腿细长且为黄色。

栖息生境　林中或林缘开阔的沼泽、湖泊、水田、水库、水塘与溪流岸边。

生活习性　栖息于灌丛或树上，常单独或成小群活动，迁徙期间可能成大群。性胆怯而机警，一旦感到危险就会立即起飞，并在飞行时发出叫声。主要以无脊椎动物为食，偶尔也会吃少量植物种子。觅食时通常会将嘴插入泥中探寻，或者在水中左右来回扫动。

保护区分布　保护区少见种，旅鸟，主要分布在保护区林区。

赵　伟　摄

杜进军　摄

普通燕鸥 *Sterna hirundo*

Common Tern

鸟纲—鸻形目—鸥科—燕鸥属

保护状况　“三有”，IUCN等级LC，中国生物多样性红色名录等级LC。

野外识别特征　嘴黑色，下嘴基红色。头顶从嘴基一直延伸到后枕和后颈，是黑色的。外侧的尾羽较长，尾部呈现深叉状。脚通常是黑色的，或者略带红色。

栖息生境　平原、荒漠、高原、盆地的草地、湖泊、河流、水库、沼泽、水塘、稻田等淡水水域。

生活习性　常以小群形式活动，频繁地在水域和沼泽上空飞翔。飞行轻快而敏捷，两翅扇动缓慢而轻微，不时在空中翱翔和滑翔，以便窥视水中的猎物。一旦发现猎物，它们会急速冲向水面，捕获猎物后又迅速返回空中。主要以小鱼、虾、甲壳类和昆虫等小型动物为食。

保护区分布　保护区少见种，夏候鸟，主要分布在崆峒水库。

廖继承　摄

赵　伟　摄

灰翅浮鸥 *Chlidonias hybrida*

Whiskered Tern

鸟纲—鸻形目—鸥科—浮鸥属

保护状况　“三有”，IUCN 等级 LC，中国生物多样性红色名录等级 LC。

野外识别特征　体长 230～290 mm。雌雄相似。繁殖羽前额至枕部黑色，背、腰、尾羽灰色，翼上覆羽浅灰，翼尖黑。下体深灰，喉、颈白色。非繁殖羽喙黑，头颈和下体白色，眼后至枕部有深色斑。

栖息生境　湖泊、水库、河口、海岸和沼泽。

生活习性　迁徙鸟类，成群飞翔，飞行轻快有力，有时在空中悬停。喜欢集群，常在内陆的漫水地和稻田觅食，捕食时扎入水中或掠过水面。主要食物包括小鱼、虾和水生昆虫等，也会吃一些水生植物。

保护区分布　保护区少见种，夏候鸟，主要分布在崆峒水库。

杜进军　摄

苏文强　摄

纵纹腹小鸮 *Athene noctua*

Little Owl

鸟纲—鸮形目—鸱鸮科—小鸮属

保护状况　国家Ⅱ级，CITES附录Ⅱ，IUCN等级LC，中国生物多样性红色名录等级LC。

野外识别特征　体形较小，体长约230 mm。头部较小，扁平，没有明显的耳簇，面盘不太发达，淡色眉纹在前额联结。上体呈褐色，散布有白色斑点；下体棕白色，具有褐色纵纹。

栖息生境　低山丘陵，林缘灌丛和平原森林，农田、荒漠和村庄附近的丛林中。

生活习性　常在岩洞或树洞中筑巢。具有日夜活动的习性，有时会站在篱笆或电线上，表现出神经质地点头或转动。在捕食时，除了从空中袭击猎物外，还利用善于奔跑的双腿进行追击。以昆虫和鼠类为主食，也捕食小鸟、蜥蜴、蛙类等小动物。

保护区分布　保护区少见种，留鸟，分布在麻武乡。

苏文强　摄

赵　伟　摄

红角鸮 *Otus sunia*

Oriental Scops-owl

鸟纲—鸮形目—鸱鸮科—角鸮属

保护状况　国家Ⅱ级，CITES附录Ⅱ，IUCN等级LC，中国生物多样性红色名录等级LC。

野外识别特征　体形小，长约180 mm。头部似猫头，耳羽高耸，十分明显。体羽呈黑褐色斑杂状，两腿覆盖羽毛到趾的基部，下体红褐至灰褐色。

栖息生境　靠近水源的林地、草原和河谷森林中。

生活习性　除繁殖期成对活动外，通常单独活动。白天多躲藏在树上浓密的枝叶丛间，靠在树干上或洞里，晚上才开始活动和鸣叫。叫声独特且持续时间较长，声音为一系列三音节的共鸣、嘶哑的“tok-toitoink”或“toiltoil tatoink”声，重音在最后一节。夜间捕食，以昆虫和蜘蛛为食。

保护区分布　保护区少见种，夏候鸟，主要分布在崆峒山和太统山。

包新康　摄

雕鸮 *Bubo bubo*

Eurasian Eagle-owl

鸟纲—鸮形目—鸱鸮科—雕鸮属

保护状况　国家Ⅱ级，CITES附录Ⅱ，IUCN等级LC，中国生物多样性红色名录等级NT。

野外识别特征　体形较大，翼长超过300 mm。全身呈沙黄或砂灰色，并带有黑褐色的横斑，下体具有较粗的暗褐色纵纹。眼上方有一黑色斑块。耳羽簇长，内部棕色，外部黑色。

栖息生境　平原、荒野、林缘灌丛、疏林，以及裸露的高山和峭壁等各类环境中。

生活习性　具有敏锐的听觉和视觉，能够迅速察觉周围的动静。飞行慢而无声，经常贴地低空飞行。白天躲藏在密林中休息，在夜间会发出特定的叫声，用以相互联络或威胁对方。主要以各种鼠类为食，也捕食其他小型哺乳动物、昆虫和鸟类。进食时会将整个猎物吞下，不能消化的动物毛发和骨头以食团形式吐出，丢弃在休息处周围。

保护区分布　保护区少见种，留鸟，主要分布在崆峒山、太统山和太阴山。

苏文强　摄

鹗 *Pandion haliaetus*

Osprey

鸟纲—鹰形目—鹗科—鹗属

保护状况 国家Ⅱ级，CITES附录Ⅱ，IUCN等级LC，中国生物多样性红色名录等级NT。

野外识别特征 体长500～650 mm的较大型猛禽。头顶、前额白色。黑色贯眼纹明显。胸部有明显的棕色斑块。翼下覆羽白色无斑纹，翼上背部暗褐色。

栖息生境 水库、湖泊、溪流、河川、鱼塘、海边等水域附近。

生活习性 常在水域附近飞翔，发现水中饵物，便会迅速俯冲至水面捕获。有时停落在近水岩壁或树上，发现猎物，疾速飞捕，行动迅速。巢址常在近水的垂岩下或乔木上。巢形皿状。主食鱼类，兼食蛙、鼠和水禽。

保护区分布 保护区少见种，留鸟，主要分布在泾河湾。

赵 伟 摄

杜进军 摄

黑翅鸢 *Elanus caeruleus*

Black-winged Kite

鸟纲—鹰形目—鹰科—黑翅鸢属

保护状况 国家Ⅱ级，CITES附录Ⅱ，IUCN等级LC，中国生物多样性红色名录等级NT。

野外识别特征 体长310～370 mm小型猛禽。雌雄同型。整体黑、白、灰色。成鸟头顶灰色，脸颊、胸、腹白色，翼下近灰。具明显的黑色初级飞羽。幼鸟头、胸、翼多带褐色。

栖息生境 农田和草地等开阔地。

生活习性 常单独在晨昏活动。白天停在树枝上休息，一旦发现猎物，便猛冲抓住猎物，有时也会像隼类那样盘旋，发现地面猎物，直冲捕食。鸣声尖细。食物有小型哺乳动物、爬行动物、鸟类和昆虫。巢材为枯树枝，巢离地高度11 m以上。

保护区分布 保护区少见种，冬候鸟，主要分布在崆峒山。

杜进军 摄

秃鹫 *Aegypius monachus*

Cinereous Vulture

鸟纲—鹰形目—鹰科—秃鹫属

保护状况 国家Ⅰ级，CITES附录Ⅱ，IUCN等级NT，中国生物多样性红色名录等级NT。

野外识别特征 大型猛禽，体长1 000 mm左右，通体大多呈黑褐色。头部覆盖着暗褐色的绒羽，颈部裸露的部分呈铅蓝色。翅膀羽毛呈淡褐色。

栖息生境 低山丘陵、高山荒漠地区，荒岩草地、山谷溪流和林缘地带。

生活习性 常单独活动，在食物丰富时也会集小群觅食。常常在高空滑翔，利用气流长时间停留在空中，很少主动振动翅膀。以大型动物尸体为主食，偶尔袭击并猎食小型动物，甚至攻击家畜。在争夺食物时，秃鹫的面部和脖子会变成红色，警告其他同类，这也是它们之间的一种信号和交流方式。

保护区分布 保护区少见种，留鸟，主要分布在麻武乡。

赵 伟 摄

金雕 *Aquila chrysaetos*

Golden Eagle

鸟纲—鹰形目—鹰科—雕属

保护状况 国家Ⅰ级，CITES附录Ⅱ，IUCN等级LC，中国生物多样性红色名录等级VU。

野外识别特征 大型猛禽，体长850 mm。羽毛通常呈栗褐色，后头、枕和后颈羽呈披针形，羽基暗赤褐色，羽端金黄色。嘴裂短，向后不及眼睛的一半。

栖息生境 森林、草原、荒漠、河谷地带。

生活习性 腿上覆盖羽毛，趾部配有锐利的角质利爪。通常独自或成对活动，冬季偶尔会形成小型群体。善于在高空中翱翔和滑翔，利用敏锐的视力搜索猎物。猎物种类广泛，有雁鸭类、雉鸡类、狍子、鹿、山羊、狐狸、旱獭、野兔等，有时也吃鼠类等小型兽类。

保护区分布 保护区少见种，留鸟，分布在崆峒山。

赵 伟 摄

凤头鹰 *Accipiter trivirgatus*

Crested Goshawk

鸟纲—鹰形目—鹰科—鹰属

保护状况　国家Ⅱ级，CITES附录Ⅱ，IUCN等级LC，中国生物多样性红色名录等级NT。

野外识别特征　中等猛禽，体长300～460 mm。头相对较小，后枕部具有短的黑色羽冠。胸部有醒目的白色条纹；颈部洁白，自颈部延伸至喉咙有一系列近黑色的纵纹，嘴角两侧还有黑色髭纹。

栖息生境　海拔2 000 m以下的山脚林缘以及森林。

生活习性　昼行性，常单独行动，有时会利用上升的热气流在空中盘旋滑翔。领地意识强烈。主要以蛙类、蜥蜴、鼠类、昆虫为食，同时也捕食鸟类。主要在森林的地面上捕食，擅长隐藏在枝叶丛中，待发现猎物时才迅猛出击。

保护区分布　保护区少见种，留鸟，主要分布在崆峒山。

包新康　摄

松雀鹰 *Accipiter virgatus*

Besra

鸟纲—鹰形目—鹰科—鹰属

保护状况　国家Ⅱ级，CITES附录Ⅱ，IUCN等级LC，中国生物多样性红色名录等级LC。

野外识别特征　中等大小，体长330 mm的深色鹰。喉部为白色并具有黑色的喉中线，尾部有粗厚的横斑。此外还有黑色的髭纹。雄鸟两胁呈棕色并带有褐色横纹，雌鸟两胁少有棕色斑纹。

栖息生境　海拔300～1 200 m的树木茂盛丘陵山地地区。

生活习性　常单独或成对活动，通常在林缘和丛林边等较为空旷处活动和觅食。性机警，飞行迅速，善于滑翔。常站在林缘高大的枯树顶枝上等待和偷袭过往的小鸟，并发出尖厉的叫声。主要以各种小鸟为食，也吃无脊椎动物以及其他小型鼠类，有时甚至捕杀鹌鹑和鸠鸽等中小型鸟类。

保护区分布　保护区少见种，留鸟，主要分布在祁河村。

熊　能　摄

雀鹰 *Accipiter nisus*

Eurasian Sparrowhawk

鸟纲—鹰形目—鹰科—鹰属

保护状况　国家Ⅱ级，CITES附录Ⅱ，IUCN等级LC，中国生物多样性红色名录等级LC。

野外识别特征　体形中等，身长320～380 mm。上体呈褐灰色，下体为白色，胸部、腹部和腿上常有灰褐色的横斑。喉部具褐色细纵纹，尾部有明显的横带。

栖息生境　针叶林、阔叶林、混交林等山地森林和林缘地带。

生活习性　日行性，喜欢单独活动。擅长飞翔，经常快速地鼓动翅膀和滑翔交替进行，可以在树丛间灵活飞行穿梭。主要捕食雀形目的小鸟、昆虫和鼠类，也会捕食体形稍大的鸟类、野兔、蛇等。对于体形较大的猎物，如鸡类，它们常采取反复进攻的策略，多次攻击后使猎物失去抵抗力。

保护区分布　保护区少见种，冬候鸟，分布在保护区崆峒山。

周玉国　摄

白尾鹞 *Circus cyaneus*

Hen Harrier

鸟纲—鹰形目—鹰科—鹞属

保护状况 国家Ⅱ级，CITES附录Ⅱ，IUCN等级LC，中国生物多样性红色名录等级NT。

野外识别特征 上体大多呈暗褐色，后头和后颈上可能有一些白色纹路。下体为棕黄色，杂以棕褐色的纵纹。雄鸟的上体，包括两翼表面大部分呈蓝灰色，体侧和腹部则是白色的。

栖息生境 平原和低山丘陵地带，尤其喜欢生活在湖泊、沼泽、河谷、草原、芦苇塘以及林间沼泽和农田等开阔地区。

生活习性 通常沿地面低空飞行，频频鼓动两翼，飞行极为敏捷迅速。有时也在草地上空滑翔，两翅上举呈“V”字形，慢速移动，并不时地抖动两翅，滑翔时两翅微向后弯曲。有时又栖于地上不动，注视草丛中猎物的活动。主要以小型鸟类、鼠、蛙、蜥蜴和大型昆虫等为食。

保护区分布 保护区少见种，冬候鸟，主要分布在香山。

杜进军 摄

黑鸢 *Milvus migrans*

Black Kite

鸟纲—鹰形目—鹰科—鸢属

保护状况 国家Ⅱ级，CITES附录Ⅱ，IUCN等级LC，中国生物多样性红色名录等级LC。

野外识别特征 中等体形，体长550 mm的深褐色猛禽，具有浅叉型尾。在飞行时，初级飞羽基部的浅色斑与近黑色的翼尖形成鲜明对比。

栖息生境 开阔的平原、草地、荒原和低山丘陵地带。

生活习性 常单独活动，性机警，有时在秋季会形成小群。飞行速度快且有力，能够巧妙地利用上升的热气流，长时间呈圈状盘旋在高空，同时发出尖锐的鸣叫声。视觉敏锐，能够在空中盘旋时观察到地面动物的活动。食物主要包括小型脊椎动物和昆虫，偶尔也会捕食家禽和腐尸。

保护区分布 保护区少见种，旅鸟，主要分布在太统山、太阴山和崆峒山。

赵 伟 摄

大鵟 *Buteo hemilasius*
Upland Buzzard

鸟纲—鹰形目—鹰科—鵟属

保护状况 国家Ⅱ级，CITES附录Ⅱ，IUCN等级LC，中国生物多样性红色名录等级VU。

野外识别特征 体长700 mm左右，羽色变化大，通常上体呈暗色，下体可能呈暗色或淡色。尾上偏白并常具横斑，飞羽基部白色并形成显著的白斑。跗跖被羽。

栖息生境 山地、山脚平原和草原等地区，高山林缘以及荒漠地带也有分布。

生活习性 白天活动，常单独或以小群形式出现。飞行姿态多样，飞行方式极具观赏性。性凶猛且机警，常栖息在地面、岩石顶上或树林突出物上。主要以小型哺乳类、鸟类和爬行类等为食。捕食蛇类时，大鵟会将蛇从高空反复抛掷，直到蛇失去反抗能力后再将其吞食。

保护区分布 保护区少见种，冬候鸟，主要分布在小马圈。

赵 伟 摄

普通鵟 *Buteo japonicus*

Japanese Buzzard

鸟纲—鹰形目—鹰科—鵟属

保护状况 国家Ⅱ级，CITES附录Ⅱ，IUCN等级LC，中国生物多样性红色名录等级LC。

野外识别特征 体长500 mm，体色多变，上体大都暗褐色，尾部具6～9条暗褐色横斑。下体颜色较淡，带有淡棕褐色的纵纹或斑块。飞行时翼下可见大型的白色斑块。跗跖大部裸露。

栖息生境 阔叶林、针叶林、混交林和林缘地带。

生活习性 通常单独活动，善于盘旋翱翔，性机警，视力敏锐。捕食方式主要是在空中盘旋飞翔寻找猎物，一旦发现地面上的猎物就会迅速俯冲抓捕。食物包括森林鼠类，也吃蛙、蜥蜴、蛇、野兔、小鸟和大型昆虫等，有时甚至会捕食村庄里的家禽。

保护区分布 保护区少见种，旅鸟，主要分布在麻武乡、崆峒水库和高岭。

杜进军　摄

赵　伟　摄

戴胜 *Upupa epops*

Common Hoopoe

鸟纲—犀鸟目—戴胜科—戴胜属

保护状况 "三有"，IUCN 等级 LC，中国生物多样性红色名录等级 LC。

野外识别特征 有狭形羽所形成的羽冠，后部的羽冠最长。嘴细长且向下弯曲。双翅及尾黑色，具白色和棕色横斑，下体棕色。

栖息生境 山地、平原、耕地、森林、林缘、河谷、农田、草地、村屯和果园等开阔地带。

生活习性 通常单独或成对活动，性情温顺，不太惧怕人。平时羽冠低伏，惊恐或激动时羽冠竖立，形如一把扇子。受惊时会飞上树枝或飞一段距离后落地，或飞至不远处的小山坡或岩石上。走动敏捷，飞行时两翅扇动缓慢，呈波浪式前进。以昆虫为主要食物，也吃其他小型无脊椎动物。

保护区分布 保护区少见种，留鸟，主要分布在麻武乡。

包新康　摄

杜进军　摄

普通翠鸟 *Alcedo atthis*

Common Kingfisher

鸟纲—佛法僧目—翠鸟科—翠鸟属

保护状况 “三有”，IUCN 等级 LC，中国生物多样性红色名录等级 LC。

野外识别特征 体形较小，嘴部粗而长，背部呈翠蓝色，翅暗绿带浅蓝斑，颏部与喉部白色，耳后有一白色斑，腹部为棕色。

栖息生境 灌丛或疏林，清澈而缓流的小河、溪涧、湖泊以及灌溉渠等水域。

生活习性 常单独活动，喜欢停息在河边的树桩、岩石或低枝上，以直立的姿势栖息在水域附近，静静地等待捕食的机会，有时也会在空中悬停观察。捕获猎物后，会将猎物带回栖息地，并在树枝或石头上摔打，等待猎物失去活力后再吞食。翠鸟的飞行速度快，常常边飞边叫。主食小鱼，也吃甲壳类和多种水生昆虫。

保护区分布 保护区少见种，留鸟，主要分布在泾河和崆峒水库。

杜进军　摄

赵　伟　摄

冠鱼狗 *Megaceryle lugubris*

Crested Kingfisher

鸟纲—佛法僧目—翠鸟科—鱼狗属

保护状况 “三有”，IUCN等级LC，中国生物多样性红色名录等级LC。

野外识别特征 头顶、头侧以及羽冠为黑色且夹杂着白点，冠羽中间和后头羽为白色夹杂着黑点。上体呈暗灰黑色，遍布白色斑点和横斑，胁部以及腹侧白色并带有黑斑，下体其余部分纯白色。

栖息生境 拥有清澈且流速适中的河流、溪涧，亦包括宁静的湖泊及灌溉水渠等各类水域环境。

生活习性 在溪流岸边的洞穴营巢。常蹲守在溪流旁边临近水的树木低枝处，静静窥视水中的饵物，一旦发觉鱼便即刻潜入水中，捕获后返回原本栖息之地进行吞食。遭遇惊扰时沿着溪流向上或者向下飞行，飞翔平缓，时而力量强大且速度迅疾。食物几乎全部都是鱼类。

保护区分布 保护区少见种，留鸟，主要分布在泾河湾。

杜进军　摄

蓝翡翠 *Halcyon pileata*

Black-capped Kingfisher

鸟纲—佛法僧目—翠鸟科—翡翠属

保护状况　“三有”，IUCN等级VU，中国生物多样性红色名录等级LC。

野外识别特征　体大（300 mm）的翡翠鸟，嘴粗大呈红色，头部为黑色，后颈有白色的领圈。上背呈深蓝色，下体大部分为橙棕色。

栖息生境　林间溪流以及山脚与平原地带的河流、水塘和沼泽地带。

生活习性　通常独自活动，在河边的树桩、岩石上或附近的小树枝停息，静静地观察水面。有时也会沿着水面低空直线快速飞行，并常常在飞行时发出叫声。有时也会在空中悬停低头观察水面。吞食猎物前也会摔打猎物使其失去反抗力。主要食物包括小鱼、水生无脊椎动物、蛙和昆虫。

保护区分布　保护区少见种，夏候鸟，主要分布在泾河和胭脂河。

杜进军　摄

赵　伟　摄

灰头绿啄木鸟 *Picus canus*

Grey-faced Woodpecker

鸟纲—啄木鸟目—啄木鸟科—绿啄木鸟属

保护状况　“三有”，IUCN 等级 LC，中国生物多样性红色名录等级 LC。

野外识别特征　头部灰色，雄性额头具有一块鲜红色的斑块。上体大部分为橄榄绿色，腰部是黄绿色，腹部呈灰色并带有一些绿色。

栖息生境　低山阔叶林和混交林，也出现于次生林和林缘地带。

生活习性　通常单独或成对活动。飞行迅速，常在树干的中下部或地面上觅食。觅食时，常从树干基部螺旋向上攀爬，使用长舌粘钩树皮下或木质部里的害虫。平时不太鸣叫，但在繁殖期间会发出频繁而洪亮的鸣叫。主要以昆虫为食，有时也吃植物果实和种子。

保护区分布　保护区常见种，留鸟，主要分布在后河、崆峒山、刘家沟、中河、大马圈。

杜进军　摄

星头啄木鸟 *Yungipicus canicapillus*

Grey-capped Woodpecker

鸟纲—啄木鸟目—啄木鸟科—啄木鸟属

保护状况 “三有”，IUCN等级LC，中国生物多样性红色名录等级LC。

野外识别特征 雄鸟后头具有狭小的红色纵纹，看起来像火花一样。整体羽毛呈黑白相杂的图案，下体布满条纹。

栖息生境 山地和平原的阔叶林、针阔叶混交林和针叶林中。

生活习性 常单独或成对活动，仅巢后带雏期间出现家族群。巢一般筑在心材腐朽的树干上，位置较高。多在树木中上部活动和取食，偶尔也到地面倒木和树桩上取食。飞行速度快，呈波浪式前进。主要以昆虫为食，偶尔也吃植物果实和种子。叫声为尖厉颤音。

保护区分布 保护区少见种，留鸟，主要分布在后河、崆峒山、中河和大马圈。

杜进军 摄

大斑啄木鸟 *Dendrocopos major*

Great Spotted Woodpecker

鸟纲—啄木鸟目—啄木鸟科—啄木鸟属

保护状况　“三有”，IUCN等级LC，中国生物多样性红色名录等级LC。

野外识别特征　体长200～250 mm的中型啄木鸟，上体呈黑色，两翅上具有白色块斑，下体呈灰白色略带棕色。尾下覆羽和肛周通常呈红色。雄性的后头常常有红色的块斑，前额为茶褐色。

栖息生境　平原和山地地区的阔叶林、针阔叶混交林、针叶林中。

生活习性　单独或成对活动，繁殖后期可能会成松散的家族群。主要在树干和粗枝上觅食，采取跳跃式攀缘的方式。当受到干扰时，会隐藏或继续攀爬。飞行时，振翅成大波浪式前进。以各种昆虫和昆虫幼虫为食，也吃一些其他小型无脊椎动物和植物性食物。

保护区分布　保护区常见种，留鸟，主要分布在麻武乡、太统山、崆峒山、韩家湾、中河、高岭、大马圈。

杜进军　摄

赵　伟　摄

红隼 *Falco tinnunculus*

Common Kestrel

鸟纲—隼形目—隼科—隼属

保护状况　国家Ⅱ级，CITES附录Ⅱ，IUCN等级LC，中国生物多样性红色名录等级LC。

野外识别特征　体长310～380 mm的小型猛禽。体羽颜色是砖红色，雄鸟头灰，可能具有一些暗色斑点。下体的羽毛是乳黄色，有一些淡棕色的斑纹或条纹。

栖息生境　山地森林、苔原、低山丘陵、草原、旷野、森林平原、开垦耕地、旷野灌丛草地、林缘、疏林旷野、河谷和农田地区。

生活习性　平时喜欢单独活动，迁徙时常集成小群。喜欢在空旷地区的高树梢或电线杆上栖息，在傍晚时最为活跃。飞翔能力强，善于逆风飞行，并且具有敏锐的视力和迅速的捕食能力，叫声刺耳高亢。主要捕食地面上的小型脊椎动物，如老鼠、雀形目鸟类、蛙、蜥蜴等，也吃昆虫。

保护区分布　保护区少见种，留鸟，主要分布在崆峒水库。

赵　伟　摄

燕隼 *Falco subbuteo*

Eurasian Hobby

鸟纲—隼形目—隼科—隼属

保护状况　国家Ⅱ级，CITES附录Ⅱ，IUCN等级LC，中国生物多样性红色名录等级LC。

野外识别特征　体长290～350 mm小型猛禽。上体呈暗色，下体为乳黄色，并具有大型的暗色粗斑。在肛周和覆腿羽上有锈红色的斑块。

栖息生境　树木稀疏生长的开阔平原、旷野、耕地、海岸、林缘地带。

生活习性　常以单独、成对或家庭群体的形式出现。大多选择高大的树木或电线杆的顶部停息。飞行既快速又敏捷，短暂地振翅飞翔后接着滑翔，还能在空中短暂停留。在非繁殖季节，叫声相对平常，但在繁殖季节却非常嘈杂。主要在空中捕食，食物包括雀形目小鸟、蝙蝠、昆虫等。

保护区分布　保护区少见种，夏候鸟，主要分布在太统山。

赵　伟　摄

廖继承　摄

黑枕黄鹂 *Oriolus chinensis*

Black-naped Oriole

鸟纲—雀形目—黄鹂科—黄鹂属

保护状况　“三有”，IUCN等级LC，中国生物多样性红色名录等级LC。

野外识别特征　中型雀类，体长230～270 mm。通体呈黄色或绿黄色，头顶和枕部有一宽阔的黑纹，翅膀和尾巴大都为黑色。

栖息生境　低山丘陵和平原地带的阔叶林、混交林等。

生活习性　常单独或成对活动，有时也结成3～5只的小群。喜欢在高大乔木的树冠层活动，繁殖期间，喜欢隐藏在树冠层中鸣叫，鸣声清脆婉转，并且能够模仿其他鸟类的鸣叫。有时边飞边鸣，飞行呈波浪式。主要吃各种昆虫和幼虫，也吃少量植物果实与种子。

保护区分布　保护区少见种，夏候鸟，主要分布在城子村。

杜进军　摄

长尾山椒鸟 *Pericrocotus ethologus*

Long-tailed Minivet

鸟纲—雀形目—山椒鸟科—山椒鸟属

保护状况 “三有”，IUCN 等级 LC，中国生物多样性红色名录等级 LC。

野外识别特征 雄鸟头部和背部是黑色的，胸部、腹部以及尾下覆羽是鲜红色的，两翅上有黑色并带有红色斑点。雌鸟前额至眼后黄色，耳羽灰，颏部白。上体橄榄灰色，腰和尾羽黄色。

栖息生境 山地阔叶林、混交林、针叶林中。

生活习性 常结成大群活动，在高大树木和常绿林的树冠上空盘旋降落。叫声尖锐单调，当一群中有一只鸟离开群体飞到另一棵树时，其余鸟也会跟随飞去。以各种昆虫为食。多在树上觅食，很少下到地上或低矮的灌丛中觅食，偶尔在空中捕捉昆虫。

保护区分布 保护区常见种，夏候鸟，主要分布在太阴山、太统山和崆峒山。

包新康 摄

黑卷尾 *Dicrurus macrocercus*

Black Drongo

鸟纲—雀形目—卷尾科—卷尾属

保护状况　“三有”，IUCN 等级 LC，中国生物多样性红色名录等级 LC。

野外识别特征　通体黑色，具有铜蓝绿色的金属光泽。尾羽呈深叉状，最外侧一对尾羽仅稍微卷曲。头顶和额部没有发冠。

栖息生境　山坡、平原丘陵地带阔叶林树上，如椿树。

生活习性　喜结群，喜鸣叫和争斗。平常待在树梢或电线杆等高处，当发现地面上的食物时会迅速飞下来抓取，然后再次飞回高处，形成类似“U”字形的飞行路径。鸣声嘈杂而粗糙，常在清晨黎明时分特别响亮，因此被称为“黎鸡”。主要以各种昆虫为食。

保护区分布　保护区少见种，夏候鸟，主要分布在麻武乡。

赵　伟　摄

周玉国　摄

灰卷尾 *Dicrurus leucophaeus*

Ashy Drongo

鸟纲—雀形目—卷尾科—卷尾属

保护状况 “三有”，IUCN 等级 LC，中国生物多样性红色名录等级 LC。

野外识别特征 整体呈蓝灰色，前额、眼先和颏部黑色，双颊则呈现白色，尾部细长且呈分叉状。

栖息生境 平原丘陵地带、村庄附近、河谷或山区。

生活习性 常成对活动，站在林间空地的裸露树枝或藤条。会攀爬到较高的地方捕捉飞蛾，或者俯冲捕捉空中飞行的猎物。飞行方式有展翅升空，也会闭合双翅滑翔。叫声通常清晰而嘹亮，可模仿其他鸟类的叫声。主要食用昆虫，偶尔食用植物的果实和种子。

保护区分布 保护区少见种，夏候鸟，主要分布在中河。

赵 伟 摄

包新康 摄

红尾伯劳 *Lanius cristatus*

Brown Shrike

鸟纲—雀形目—伯劳科—伯劳属

保护状况 “三有”，IUCN等级LC，中国生物多样性红色名录等级LC。

野外识别特征 体长180～210 mm的小型伯劳，前头呈乳白色，后背大部分呈灰褐色，腹部为棕白色，没有杂斑。头侧有明显的黑纹，尾羽棕红色。

栖息生境 低山丘陵和平原地带的灌丛、疏林和林缘地带。

生活习性 常单独或成对活动，性格活泼，常在树枝上跳跃或飞来飞去。常常选择固定的栖息地点，例如树枝或电线，用来观察地面上的小动物和昆虫。在繁殖期间会站在小树的顶端高声鸣唱，声音粗犷而响亮。主要以昆虫为食，包括蝗虫、螽斯、步甲科昆虫、金龟子等，偶尔也吃一些草籽。

保护区分布 保护区少见种，夏候鸟，主要分布在麻武乡。

廖继承　摄

熊　能　摄

灰背伯劳 *Lanius tephronotus*

Grey-backed Shrike

鸟纲—雀形目—伯劳科—伯劳属

保护状况　“三有”，IUCN等级LC，中国生物多样性红色名录等级LC。

野外识别特征　体长220～250 mm的中型伯劳，额基、眼先、眼周至耳羽黑色，头顶至下背为暗灰色。翅膀和尾巴呈黑褐色。下体呈近白色，胸部则呈锈棕色。

栖息生境　自平原至海拔4 000 m的山地疏林地区，尤其是在农田及农舍附近较多。

生活习性　通常栖息在树梢的干枝或电线上，以俯视四周的方式捕捉猎物。主要以昆虫为食，也吃鼠类、小鱼和杂草。繁殖期通常在5—7月间，筑巢于榆树、槐树等阔叶树或灌木上。巢的高度从地面0.3～7 m不等。巢的形状通常是杯状的，位于树枝的基部。

保护区分布　保护区少见种，夏候鸟，主要分布在太统山。

廖继承　摄

杜进军　摄

楔尾伯劳 *Lanius sphenocercus*

Chinese Grey Shrike

鸟纲—雀形目—伯劳科—伯劳属

保护状况　“三有”，IUCN等级LC，中国生物多样性红色名录等级LC。

野外识别特征　体长250～320 mm，上半身呈灰色，中央尾羽和翅膀黑色，而初级飞羽上有大型的白色斑点。尾特长，凸形尾。

栖息生境　低山、平原和丘陵地带的疏林和林缘灌丛。

生活习性　常独自或成对活动。性情凶猛，如果其他鸟类侵入其巢区，雌雄双方会同时进行攻击，直到将入侵者赶走。喜欢站在高高的树冠上等待猎物出现，甚至能长时间追捕小鸟，抓到后就在原地或者挂在树的尖桩上撕食。主要吃昆虫，也会捕食小型脊椎动物。

保护区分布　保护区少见种，冬候鸟，主要分布在太统山。

杜进军　摄

苏文强　摄

松鸦 *Garrulus glandarius*
Eurasian Jay

鸟纲—雀形目—鸦科—松鸦属

保护状况　“三有”，IUCN等级LC，中国生物多样性红色名录等级LC。

野外识别特征　体羽大多呈红棕色带有紫色；翅膀上有黑、蓝、白相间的横斑；尾上覆羽为纯白色，飞行时形成明显的白色横带；下体为红棕色，颏、喉、肛周的颜色较浅。

栖息生境　阔叶林、针阔叶混交林、针叶林中。

生活习性　繁殖期常成对活动，其他季节集小群游荡。多栖息在树顶上，常躲藏在树叶丛中，不时在树枝间跳跃或从一棵树飞向另一棵树，偶尔发出粗犷而单调的叫声。在繁殖期，主要以昆虫及其幼虫为食，在秋、冬季和早春时主要以松子、橡子等为食。有贮存食物的习惯。

保护区分布　保护区少见种，留鸟，主要分布在崆峒山和韩家湾。

廖继承　摄

赵　伟　摄

灰喜鹊 *Cyanopica cyanus*

Asian Azure-winged Magpie

鸟纲—雀形目—鸦科—灰喜鹊属

保护状况 “三有”，IUCN等级LC，中国生物多样性红色名录等级LC。

野外识别特征 体长330～400 mm的中型鸦科鸟类。黑色的头部、蓝色的翅膀，以及灰蓝色的上体，尾巴较长，嘴部为黑色。

栖息生境 各种森林的林缘、疏林和杨、桦次生林中。

生活习性 繁殖期会成对活动，其他季节常集群。经常在林间穿梭跳跃或飞行，飞行速度快，但飞行距离不远。不喜在一处停留，常四处游荡。在活动和飞行时，不停地发出单调而嘈杂的叫声，不同个体通过叫声来联系和维持群体的一致性。性凶猛，攻击性强。主要以森林中的害虫为食，也吃灌木的果实和种子。

保护区分布 保护区少见种，留鸟，主要分布在麻武乡。

廖继承　摄

赵　伟　摄

红嘴蓝鹊 *Urocissa erythroryncha*

Red-billed Blue Magpie

鸟纲—雀形目—鸦科—蓝鹊属

保护状况　“三有”，IUCN等级LC，中国生物多样性红色名录等级LC。

野外识别特征　大型鸦类，体长550～650 mm。嘴红色。头、颈、喉和胸黑色，头顶至后颈有一块白色或紫灰色块斑，其余上体紫蓝灰色。下体白色。尾长，有黑色亚端斑和白色端斑。

栖息生境　山区中常绿阔叶林、针叶林、针阔叶混交林和次生林中。

生活习性　成对或者成小群活动。性情活泼而喧闹，在树枝之间跳跃或者在树间飞来飞去，飞翔时多采取滑翔的姿势，容易识别。食性较杂，主要以昆虫等动物性食物为主，也吃植物的果实、种子以及玉米、小麦等。有时还会侵入其他鸟类的巢内，吃幼雏和鸟卵。

保护区分布　保护区常见种，留鸟，主要分布在麻武乡、崆峒水库、韩家湾和中河。

赵　伟　摄

包新康　摄

喜鹊 *Pica serica*

Eurasian Magpie

鸟纲—雀形目—鸦科—鹊属

保护状况　“三有”，IUCN等级LC，中国生物多样性红色名录等级LC。

野外识别特征　整体羽毛为黑色，腹部白色。翅膀上具有金属蓝色和绿色的光泽，尾羽较长，有金属光泽。飞行时，翅膀上的白色斑块非常显眼。

栖息生境　荒野、农田、郊区、城市、公园和花园。

生活习性　繁殖期成对活动，在秋冬季节则形成数十只的大群。白天到农田等开阔地区觅食，傍晚则飞到附近高大的树上休息，有时也与乌鸦、寒鸦等混群。性机警，觅食时常有一只鸟负责守卫。鸣叫声单调而响亮，类似于“zha-zha-zha”的声音。食性较杂，夏季以昆虫为主，其他季节以植物果实和种子为主。

保护区分布　保护区常见种，留鸟，主要分布在麻武乡、小马圈、后河、甘沟、泾河湾、中河、高岭和大马圈。

赵　伟　摄

星鸦 *Nucifraga caryocatactes*

Northern Nutcracker

鸟纲—雀形目—鸦科—星鸦属

保护状况　“三有”，IUCN等级LC，中国生物多样性红色名录等级LC。

野外识别特征　体长300～350 mm的小型鸦科鸟类。背部和腹部呈赤褐色，头顶和两翅为黑色，尾部下面的覆羽为白色。颈部、背部和胸部具有小白点斑。

栖息生境　针叶林。

生活习性　常是单独或成对活动，偶尔会形成小群。主要栖息于松林，以松子为食，并会埋藏其他坚果以备冬季食用。叫声干哑，通常是“kraaaak”的重复，不如松鸦的叫声刺耳，有时还会模仿其他鸟类的叫声。

保护区分布　保护区优势种，留鸟，主要分布在麻武乡、小马圈、后河、太统山、泾河湾、崆峒山、崆峒水库、后峡河、刘家沟、白草沟、中河、高岭、大马圈和司马坪。

廖继承　摄

杜进军　摄

红嘴山鸦 *Pyrrhocorax pyrrhocorax*

Red-billed Chough

鸟纲—雀形目—鸦科—山鸦属

保护状况　“三有”，IUCN等级LC，中国生物多样性红色名录等级LC。

野外识别特征　体长360～480 mm的中型鸦科鸟类。全身羽毛呈黑色，嘴呈红色或橘红色，嘴细长且呈弯曲状。跗跖和趾部分也呈红色或橘红色。

栖息生境　开阔的河滩地、山坡耕地、平原耕地山间沟坎、半荒漠草地。

生活习性　地栖鸟类，常常成对或小群在地面上活动和觅食，也喜欢成群在山顶和山谷间飞翔。飞行轻快，常常在鼓翼飞翔后伴随一阵滑翔。善于鸣叫，整天都在吵闹。有时也会与喜鹊、寒鸦等其他鸟类混群活动。主食各种昆虫，同时也吃一些植物性食物。

保护区分布　保护区少见种，留鸟，主要分布在麻武乡。

赵　伟　摄

大嘴乌鸦 *Corvus macrorhynchos*
Large-billed Crow

鸟纲—雀形目—鸦科—鸦属

保护状况　IUCN等级LC，中国生物多样性红色名录等级LC。

野外识别特征　通体全黑，嘴较为粗大，鼻孔附近通常被一些长毛所覆盖，额弓明显。

栖息生境　低山丘陵、平原和山地各种森林类型中。

生活习性　除繁殖季节成对活动外，通常以小群活动。性机警，常伸长颈部观察周围的动静。性格非常大胆，会到人类的生活区域觅食。早晨和下午活动频繁，中午休息。叫声单调而粗犷。食性甚杂，主要以昆虫及其幼虫和蛹为食，也吃雏鸟、鸟卵、鼠类、腐肉以及植物的叶、芽、果实、种子。

保护区分布　保护区罕见种，留鸟，主要分布在崆峒山。

赵　伟　摄

包新康　摄

煤山雀 *Periparus ater*

Coal Tit

鸟纲—雀形目—山雀科—山雀属

保护状况　“三有”，IUCN等级LC，中国生物多样性红色名录等级LC。

野外识别特征　体长110 mm左右的小型山雀，头部呈黑色，具有羽冠，两颊和后颈中央为白色。上体呈深灰色，翅上有两道白色斑纹，而下体则为白色。

栖息生境　海拔3 000 m以下的次生阔叶林、阔叶林和针阔叶混交林中。

生活习性　性格活泼，胆大，对人不甚畏惧。行动敏捷。喜欢在树枝间跳跃穿梭，或者飞到另一棵树上。除繁殖期成对活动外，其他季节通常会聚集成小群，有时也会与其他山雀混群。有储存食物以备冬季使用的习惯，主要以各种昆虫为食，也吃少量其他小型无脊椎动物和草籽、花等植物性食物。

保护区分布　保护区常见种，留鸟，主要分布在麻武乡和大马圈。

赵伟摄

杜进军　摄

黄腹山雀 *Pardaliparus venustulus*

Yellow-bellied Tit

鸟纲—雀形目—山雀科—山雀属

保护状况 “三有”，IUCN等级LC，中国生物多样性红色名录等级LC，中国特有种。

野外识别特征 小型山雀，体长90～110 mm。雄鸟头部、喉部和上胸部呈黑色，雌鸟呈灰绿色，颊部呈白色，而腹部则呈黄色，中央没有黑色纵带。

栖息生境 海拔2 000 m以下的次生林、人工林以及林缘疏林灌丛。

生活习性 除繁殖期成对或单独活动外，多成群在高大的阔叶树或针叶树上活动，有时也会与其他鸟类（如大山雀等）混群。整天大部分时间都在树枝间跳跃穿梭，或在树冠间飞来飞去，并频繁发出“嗞、嗞、嗞”的叫声。主要以昆虫为食，同时也吃少量植物性食物。

保护区分布 保护区常见种，留鸟，主要分布在刘家沟、中河、司马坪。

廖继承 摄

沼泽山雀 *Poecile palustris*

Marsh Tit

鸟纲—雀形目—山雀科—山雀属

保护状况 “三有”，IUCN等级LC，中国生物多样性红色名录等级LC。

野外识别特征 体长100～130 mm的山雀，头顶呈黑色，而头部侧面呈白色；上体的颜色为沙灰褐色；腹部则为灰白色，中央没有黑色的纵带。

栖息生境 山地针叶林和针阔叶混交林、阔叶林、次生林和人工林。

生活习性 繁殖期成对或单独活动，其他季节多呈几只至十几只的松散群体，也会与煤山雀、长尾山雀等其他鸟类混群。性情活泼，行动敏捷。喜欢在树冠层枝叶间觅食，尤其偏爱近水源和较为潮湿的林地，也常在林下灌木或幼树枝叶上跳跃觅食。食物以昆虫及其幼虫为主，会摄食其他无脊椎动物（如蜘蛛），也吃植物果实、种子及嫩芽。

保护区分布 保护区少见种，留鸟，主要分布在麻武乡和刘家沟。

包新康 摄

廖继承 摄

黑喉山雀 *Poecile hypermelaenus*

Black-bibbed Tit

鸟纲—雀形目—山雀科—山雀属

保护状况　IUCN 等级 LC，中国生物多样性红色名录等级 DD。

野外识别特征　体长 100～130 mm 的山雀。背部呈橄榄褐色，头部和后颈呈亮黑色，整个喉部为黑色。

栖息生境　山区针叶林，针阔叶混交林及林缘灌丛中。

生活习性　通常成对或结成小群活动。冬季会出现在低山或平原的村落附近。一般在近水源或潮湿的林区比较常见，在果园、庭院等亦能见到。食物主要是昆虫类动物性食物。

保护区分布　保护区少见种，留鸟，主要分布在中河。

廖继承　摄

褐头山雀 *Poecile montanus*

Willow Tit

鸟纲—雀形目—山雀科—山雀属

保护状况 “三有”，IUCN等级LC，中国生物多样性红色名录等级LC。

野外识别特征 体形大小与羽色和沼泽山雀相似，不同之处在于浓褐色的头顶，粉红褐色的上体，颊部为白色，颏和喉部为黑色，腹部为棕色。

栖息生境 阔叶林、针叶林、针阔叶混交林间。

生活习性 除繁殖期和冬季单独或成对活动外，大多成群活动，有时会与其他山雀混群。常常活动在树冠层的中下部，群体比较松散，活动时不时发出“Zi-her-her-her……”或“Zi-zi-her-her-her……”的叫声以保持联系。性格活泼，行动敏捷，有时倒悬在枝头上。主要以鞘翅目昆虫及其幼虫为食，也会捕食其他无脊椎动物和少量的植物性食物。

保护区分布 保护区常见种，留鸟，主要分布在崆峒山、中河、大马圈。

赵 伟 摄

大山雀 *Parus minor*

Japanese Tit

鸟纲—雀形目—山雀科—山雀属

保护状况　“三有”，IUCN 等级 LC，中国生物多样性红色名录等级 LC。

野外识别特征　体长 130～150 mm，头部黑色，两侧具有大型的白色斑块；上半身为蓝灰色，背部带有一些绿色；腹部为白色，中央有明显的黑色纵纹。

栖息生境　低山和山麓地带的阔叶林、针阔叶混交林、针叶林、人工林。

生活习性　性格较为活泼而大胆，不太害怕人类。动作敏捷，经常在树枝之间跳跃穿梭，或者从一棵树飞到另一棵树上，边飞边叫，飞行的方式略呈波浪状，但波峰不高。除繁殖期成对活动外，多成小群活动。主要以各种昆虫和昆虫幼虫为食，偶尔也吃其他无脊椎动物和少量植物性食物。

保护区分布　保护区优势种，留鸟，主要分布在麻武乡、甘沟、崆峒山、白草沟、中河、大马圈。

廖继承　摄

杜进军　摄

绿背山雀 *Parus monticolus*

Green-backed Tit

鸟纲—雀形目—山雀科—山雀属

保护状况　“三有”，IUCN 等级 LC，中国生物多样性红色名录等级 LC。

野外识别特征　体形类似于大山雀。头部呈黑色，两颊有着大而明显的白斑。背部羽毛呈绿色，而腹部是黄色的，中央有明显的黑色纵纹。

栖息生境　海拔在 1 000～4 000 m 的中高山区的森林或林缘中。

生活习性　通常会成小群或成对活动，常出现在乔木或灌丛间。鸣声与大山雀略有相似，但音调更为清脆而低沉。当受到惊吓时，常常会低头翘尾，左右窥视。主要食物是昆虫和昆虫幼虫，偶尔也会摄食少量的草籽等植物性食物。

保护区分布　保护区优势种，留鸟，主要分布在麻武乡、韩家湾、刘家沟、中河、高岭和司马坪。

廖继承　摄

凤头百灵 *Galerida cristata*
Crested Lark

鸟纲—雀形目—百灵科—凤头百灵属

保护状况　“三有”，IUCN等级LC，中国生物多样性红色名录等级LC。

野外识别特征　体长170～180 mm，上体羽毛呈现沙褐色，具有黑褐色的轴纹，而在后头则拥有一簇由几根细长黑色羽毛组成的羽冠。

栖息生境　常栖息于平原、旷野、半荒漠、沙漠边缘、草地、低山平地、荒地。

生活习性　非繁殖期多结群生活；常于地面行走或振翼作柔弱的波状飞行。受惊扰时常藏匿不动，升空时发出清晰的“du-ee”及笛音“ee”或“uu”的叫声。主要取食禾本科、莎草科、蓼科、茜草科和胡枝子等植物性食物，也吃少量农作物和昆虫。

保护区分布　保护区少见种，留鸟，主要分布在麻武乡。

赵　伟　摄

文须雀 *Panurus biarmicus*

Bearded Reedling

鸟纲—雀形目—文须雀科—文须雀属

保护状况　“三有”，IUCN等级LC，中国生物多样性红色名录等级LC。

野外识别特征　体羽棕栗色带有肉桂色调。雄鸟有黑色嘴须，尾下覆羽是黑色，胸部带灰色，胁部棕色。尾羽呈凸起状。雌鸟除嘴须和尾下覆羽不是黑色外，其他特征与雄鸟相似，但羽色较为浅淡。

栖息生境　水域边的芦苇丛。

生活习性　常成对或小群活动，喜欢在芦苇丛间跳跃或攀爬，性格活泼。飞行速度快，难以在一处停留，总是不停地跳动。主要以昆虫、蜘蛛和芦苇种子为食。

保护区分布　保护区少见种，留鸟，主要分布在麻武乡。

赵　伟　摄

东方大苇莺 *Acrocephalus orientalis*

Oriental Reed Warbler

鸟纲—雀形目—大型苇莺科—苇莺属

保护状况　“三有”，IUCN等级LC，中国生物多样性红色名录等级LC。

野外识别特征　大型苇莺科鸟类，体长165～190 mm。上体呈棕褐色，眉纹白色，贯眼纹褐色，飞羽暗褐色具棕色羽缘。下体呈乳黄色。

栖息生境　生活在海拔900 m以下的低山、丘陵和山脚平原地带，常出没于湖畔、河边、水塘、溪边、水库、河流沿岸以及芦苇沼泽等水域。

生活习性　常常单独或成对活动，性格活泼，经常在草茎或灌丛枝间跳跃、攀缘，对外界十分警觉，经常变换位置或突然消失再出现在另一个地方。繁殖期间常常站在巢附近的芦苇顶端或附近的小枝头上鸣叫。主要以昆虫为食，也会吃少量的蜘蛛、蜗牛以及植物果实和种子。

保护区分布　保护区少见种，夏候鸟，主要分布在泾河湾。

赵　伟　摄

杜进军　摄

家燕 *Hirundo rustica*

Barn Swallow

鸟纲—雀形目—燕科—燕属

保护状况 “三有”，IUCN等级LC，中国生物多样性红色名录等级LC。

野外识别特征 上体蓝黑色并具有金属光泽。颏、喉部和上胸通常呈栗色，而腹部则是白色或淡棕色，没有斑点。

栖息生境 栖息于有人类居住的环境，筑巢于房顶、电线杆等人造构筑物上。

生活习性 常成群栖息，低声细碎鸣叫，善飞行。白天大部分时间成群地在栖息地附近飞行，喜飞行中捕食，不善啄食。飞行迅速敏捷，有时飞得很高，有时又紧贴水面一闪而过，活动范围不大，有时亦与金腰燕一起活动。主要以昆虫为食，包括蚊、蝇、虻、蛾、叶蝉、象甲等农林害虫。

保护区分布 保护区少见种，夏候鸟，主要分布在麻武乡。

赵 伟 摄

廖继承 摄

岩燕 *Ptyonoprogne rupestris*
Eurasian Crag Martin

鸟纲—雀形目—燕科—岩燕属

保护状况　“三有”，IUCN等级LC，中国生物多样性红色名录等级LC。

野外识别特征　体长130～140 mm，上体褐灰，胸部污白，下胸腹部深砂棕色。尾较短，尾羽除中央一对及最外侧一对外，其余近端的1/3内翈处悉具白斑，展尾时明显可见。

栖息生境　海拔1 500～5 000 m的高山峡谷地带，尤其偏爱陡峻的岩石悬崖和峭壁。

生活习性　喜欢在湖泊、鱼池、沼泽、水库和江河等水域上空飞翔，也活动于山谷、山前旷地。喜欢营巢于水域附近的山崖或岩壁缝隙中。主要以昆虫为食，习惯于在空中捕食飞虫，其叫声为甚细弱的“tshree”声。

保护区分布　保护区少见种，夏候鸟，主要分布在崆峒山。

赵 伟 摄

烟腹毛脚燕 *Delichon dasypus*

Asian House Martin

鸟纲—雀形目—燕科—毛脚燕属

保护状况　“三有”，IUCN等级LC，中国生物多样性红色名录等级LC。

野外识别特征　体长约130 mm，体背呈黑色，具有蓝黑色金属光泽，腰白色，尾下覆羽白色。尾巴呈现深叉状，跗跖和趾均被白色绒羽覆盖。

栖息生境　栖息于海拔1 500 m以上的山地悬崖峭壁处，也常栖息于人类建筑物，如房檐、桥梁等。

生活习性　常成群栖息和活动，与其他燕或金丝燕混群，多在栖息地上空飞翔，有时也在森林或草坡山脊上空飞来飞去。通常低飞，相较于其他燕，更喜欢留在空中翱翔。其兴奋的嘶嘶叫声与毛脚燕相似。主要在空中捕食飞行性昆虫为生。

保护区分布　保护区优势种，夏候鸟，主要分布在崆峒山。

赵　伟　摄

金腰燕 *Cecropis daurica*

Red-rumped Swallow

鸟纲—雀形目—燕科— Cecropis 属

保护状况　“三有”，IUCN 等级 LC，中国生物多样性红色名录等级 LC。

野外识别特征　体长 160～180 mm，上体呈蓝黑色，腰部有明显的栗黄色横带；下体偏白，沿羽轴形成黑色纵纹。

栖息生境　低山及平原地区的村庄、城镇等居民住宅区附近。

生活习性　常成群活动，迁徙期间有时集成数百只的大群。性极活跃，喜欢飞翔，几乎整天大部分时间都在村庄和附近田野及水面上空飞翔。休息时多停歇在房顶、屋檐和房前屋后的湿地上和电线上，并常发出“唧唧”的叫声。主要吃飞行性昆虫。

保护区分布　保护区少见种，夏候鸟，主要分布在崆峒山。

廖继承　摄

赵　伟　摄

领雀嘴鹎 *Spizixos semitorques*

Collared Finchbill

鸟纲—雀形目—鹎科—雀嘴鹎属

保护状况 “三有”，IUCN等级LC，中国生物多样性红色名录等级LC。

野外识别特征 体长170～210 mm的中型鹎。具有短厚的嘴，上嘴下弯。头部黑色，颈部有一白色颈环。上体呈暗橄榄绿色，下体为橄榄黄色，尾羽绿色有黑色端斑。颊部与耳羽黑白相间。

栖息生境 低山丘陵和山脚平原地区的阔叶林、针阔叶混交林、针叶林等。

生活习性 常成群活动，也有单独或成对活动的情况。其鸣声婉转悦耳，常常发出“pa-de、pa-de”的声音。食性较杂，以植物性食物为主，也会捕食一些昆虫。

保护区分布 保护区少见种，留鸟，主要分布在崆峒水库。

赵　伟　摄

杜进军　摄

黄臀鹎 *Pycnonotus xanthorrhous*

Brown-breasted Bulbul

鸟纲—雀形目—鹎科—鹎属

保护状况　“三有”，IUCN等级LC，中国生物多样性红色名录等级LC。

野外识别特征　体长170～210 mm的中型鹎类，头部黑色，没有羽冠，近下嘴基部有一微小的红色斑点。尾下覆羽为明显的深黄色。

栖息生境　中低山地、山脚平坝以及丘陵地区的次生阔叶林、栎林、混交林和林缘地区。

生活习性　除繁殖期外，常以群体形式活动，有时还与其他鸟类如白喉红臀鹎、红耳鹎混群。常作季节性垂直迁徙。叫声清脆洪亮。成鸟以植物果实与种子为主食，同时也吃昆虫等动物性食物；幼鸟则以昆虫为主食。

保护区分布　保护区少见种，留鸟，主要分布在泾河湾。

赵　伟　摄

杜进军　摄

白头鹎 *Pycnonotus sinensis*

Light-vented Bulbul

鸟纲—雀形目—鹎科—鹎属

保护状况　“三有”，IUCN等级LC，中国生物多样性红色名录等级LC。

野外识别特征　头部呈白色，上体灰褐色或暗石板灰色，具有不明显的黄绿色纵纹。翅膀和尾黑褐色，羽毛边缘呈绿黄色。喉部为白色，胸部染有灰褐色，腹部为白色，并带有淡绿黄色的纵纹。

栖息生境　海拔1 000 m以下的低山丘陵、平原地区，常见于灌丛、草地、疏林荒坡、果园、村落、次生林以及竹林等环境。

生活习性　以小群活动，冬季会形成20～30只的大群。性格活泼，不怕人，经常在树枝间跳跃或飞翔于相邻的树木间，通常不会做长距离的飞行。善于鸣叫，鸣声多变。杂食性，动物性食物以昆虫为主，植物性食物主要包括野山楂、野蔷薇等的果实和种子。

保护区分布　保护区少见种，留鸟，主要分布在泾河湾。

廖继承　摄

淡眉柳莺 *Phylloscopus humei*

Hume's Leaf Warbler

鸟纲—雀形目—柳莺科—柳莺属

保护状况　“三有”，IUCN等级LC，中国生物多样性红色名录等级LC。

野外识别特征　体长100 mm，上体呈橄榄灰色，具有两道翼斑，没有明显的浅色腰部斑块。头部有浅色的长眉纹，贯穿眼部的纹路颜色较深，而贯穿头顶的纹路为暗灰色。

栖息生境　海拔300～4 000 m地区的落叶松及其他松林中。

生活习性　单独或成对活动，非繁殖期也会形成松散的小群。性情活泼，喜欢在树枝和灌木间跳跃或飞行，也经常在地面上觅食。食物主要是昆虫和昆虫的幼虫，偶尔也吃一些其他无脊椎动物。叫声通常是短促而甜美的，类似于麻雀的叫声，有时带有上扬的音调。

保护区分布　保护区少见种，夏候鸟，主要分布在后峡。

包新康　摄

赵　伟　摄

云南柳莺 *Phylloscopus yunnanensis*
Chinese Leaf Warbler

鸟纲—雀形目—柳莺科—柳莺属

保护状况 “三有”，IUCN等级LC，中国生物多样性红色名录等级LC，中国特有种。

野外识别特征 体形（100 mm）较小、偏绿色的柳莺。有浅色的腰、长而白色的眉纹、略淡的顶纹。两道白色翼斑（第二道甚浅）、三级飞羽羽缘及羽端均色浅等。

栖息生境 海拔2 600 m以下的落叶次生林。

生活习性 单独或成对活动。雄鸟在繁殖期常常站在高大松树的顶端枝头上鸣叫，其鸣声单调、清脆而富有变化，常常持续1 min以上。主要以毛虫、蚱蜢等昆虫和昆虫的幼虫为食，也会吃其他无脊椎动物。

保护区分布 保护区常见种，夏候鸟，主要分布在太统山、麻地湾、麻武乡和香山。

赵 伟 摄

包新康 摄

甘肃柳莺 *Phylloscopus kansuensis*
Gansu Leaf Warbler

鸟纲—雀形目—柳莺科—柳莺属

保护状况　“三有”，IUCN 等级 LC，中国生物多样性红色名录等级 LC，中国特有种。

野外识别特征　体长约 10 cm，整体色调为偏绿色的柳莺。腰部色彩较淡，隐约可识别出第二条翼斑，眉纹显著且洁白，头顶颜色相对较浅，第三级飞羽的边缘略微泛白。

栖息生境　针叶林、针阔叶混交林。

生活习性　极为活跃，在树枝梢头频繁地穿梭飞翔，追逐捕食昆虫。时常采取离开枝头振翅的方式惊扰潜在猎物，继而迅速捕捉。还常常发出独特的、尖细又清脆的“仔儿”叫声，辨识度高。在迁徙季节广泛分布于全国各地的各种山林、园林、农田防护林以及城市的公园绿地等处的树木中。

保护区分布　保护区少见种，夏候鸟，主要分布在麻武乡。

赵　伟　摄

黄腰柳莺 *Phylloscopus proregulus*

Pallas's Leaf Warbler

鸟纲—雀形目—柳莺科—柳莺属

保护状况 “三有”，IUCN等级LC，中国生物多样性红色名录等级LC。

野外识别特征 小型柳莺，体长80～110 mm。上体呈橄榄绿色，腰部有明显的黄色带，翅膀上有两条深黄色的横斑，腹部近乎白色。

栖息生境 海拔2 900 m以下的林中，包括针叶林、针阔叶混交林以及稀疏的阔叶林。

生活习性 通常在高大的树冠层中活动，性格活泼，行动敏捷，常在树顶枝叶间跳跃寻找食物，或者站在高大的树枝上鸣叫。鸣声清脆洪亮，有时连续不断地反复鸣叫，听起来有点像蝉鸣。常与黄眉柳莺和戴菊混群活动。主要取食昆虫及其幼虫，最喜欢食双翅目蝇类昆虫。

保护区分布 保护区少见种，旅鸟，主要分布在崆峒山。

杜进军　摄

棕眉柳莺 *Phylloscopus armandii*

Yellow-streaked Warbler

鸟纲—雀形目—柳莺科—柳莺属

保护状况 “三有”，IUCN 等级 LC，中国生物多样性红色名录等级 LC。

野外识别特征 体长 110～130 mm，上体呈沾绿的橄榄褐色，眉纹为棕白色，下体近白，可能有少许黄色细纹。

栖息生境 海拔 3 200 m 以下的中低山地区和山脚平原地带的森林，尤其喜欢针叶林、杨桦林以及林缘和河边灌丛地带。

生活习性 通常单独或成对活动，有时也会集成松散的小群在灌木和树枝间跳跃觅食。主要以毛虫、蚱蜢等昆虫和昆虫的幼虫为食。叫声独特，为高尖的“zic-zic-zic……”声，类似于巨嘴柳莺的“tyeee-tyeee-tyeee……”声，但音量较弱。

保护区分布 保护区优势种，夏候鸟，主要分布在麻武乡、太统山、甘沟、后峡河、中河、高岭、西岭沟和司马坪。

赵 伟 摄

华西柳莺 *Phylloscopus occisinensis*
Alpine Leaf Warbler

鸟纲—雀形目—柳莺科—柳莺属

保护状况　“三有”，IUCN等级NR，中国生物多样性红色名录等级NR。

野外识别特征　上体整体呈橄榄绿色，眉纹呈鲜黄色，与头部深色对比明显。贯眼纹较宽且明显。下体为黄色，喙的上颌为黑褐色，下颌为浅褐色。

栖息生境　海拔2 000～4 500 m的高山森林、高原灌丛。

生活习性　羽色在不同月份会有显著的变化，在繁殖季节羽色较为暗淡，秋后换羽后羽毛颜色最为鲜艳。常见于林缘和河谷灌丛地带，通常单独或成对活动，非繁殖期也会形成松散的小群活动。主要以甲虫、鳞翅目幼虫等昆虫为食。

保护区分布　保护区少见种，夏候鸟，主要分布在香山。

赵　伟　摄

暗绿柳莺 *Phylloscopus trochiloides*
Greenish Warbler

鸟纲—雀形目—柳莺科—柳莺属

保护状况 “三有”，IUCN等级LC，中国生物多样性红色名录等级LC。

野外识别特征 体长100～120 mm。上体呈橄榄绿色，眉纹为黄白色，翅上有两道横斑，其中前面的横斑大多不太明显，而下体白色沾黄。

栖息生境 海拔500～4 400 m的各种生境中，包括针叶林、针阔叶混交林、阔叶林，以及林缘疏林和灌丛地带。

生活习性 常常单独或成对活动，非繁殖季节也可能成小群或混群活动和觅食。性格活跃，行动轻捷，整天不停地在树枝间跳来跳去飞进飞出，在树枝间捕食飞行昆虫。主要以昆虫为食。叫声为响而尖的“tiss-yip”音，似白鹡鸰，也作“pseeeoo”的叫声，鸣声类似山雀，具有欢快的节奏。

保护区分布 保护区少见种，夏候鸟，主要分布在麻武乡。

赵 伟 摄

冠纹柳莺 *Phylloscopus claudiae*

Claudia's Leaf Warbler

鸟纲—雀形目—柳莺科—柳莺属

保护状况 “三有”，IUCN等级LC，中国生物多样性红色名录等级LC。

野外识别特征 全长110 mm以下。上体呈橄榄绿色，头顶是灰褐色，中央有淡黄色的冠纹。翅上有两道淡黄绿色的横斑，而下体则是白色微带灰色。

栖息生境 海拔3 500 m以下的山地环境中，包括针叶林、针阔叶混交林、常绿阔叶林以及林缘的灌丛地带。

生活习性 除繁殖季节成对或单独活动外，通常会形成3～5只的小群或与其他柳莺混群觅食。主要活动于树冠层、林下灌丛和草丛中。食物包括各种昆虫和昆虫幼虫。

保护区分布 保护区优势种，夏候鸟，主要分布在麻武乡、甘沟、崆峒水库、后峡河、中河、高岭、大马圈。

赵 伟 摄

强脚树莺 *Horornis fortipes*

Brownish-flanked Bush Warbler

鸟纲—雀形目—树莺科—树莺属

保护状况　“三有”，IUCN等级LC，中国生物多样性红色名录等级LC。

野外识别特征　体长约为90～130 mm，上体呈橄榄褐色，具淡皮黄色眉纹，黑褐色贯眼纹也模糊。而下体中央是白色的，两侧则呈淡棕色，偏褐色。

栖息生境　海拔1 600～2 400 m的阔叶林、树丛和灌丛之间，有时也出现在草丛或绿篱中。

生活习性　常常单独或成对活动。性格胆怯，善于藏匿，经常隐藏在林下灌丛或草丛中活动和觅食。不擅长飞行，但在茂密的灌丛枝叶间能够敏捷地跳跃穿梭或在地面奔跑。在活动时，常发出清脆而洪亮的鸣叫声。食物主要是昆虫和昆虫幼虫，偶尔也吃少量的植物果实、种子和草籽。

保护区分布　保护区常见种，留鸟，主要分布在麻武乡、甘沟、中河、大马圈和西岭沟。

廖继承　摄

银喉长尾山雀 *Aegithalos glaucogularis*

Silver-throated Bushtit

鸟纲—雀形目—长尾山雀科—长尾山雀属

保护状况 “三有”，“IUCN 等级 LC”，“中国生物多样性红色名录等级 LC”。

野外识别特征 小型鸣禽，全长 110～130 mm。头顶为黑色，中央有浅色纵纹；头部和颈侧为淡葡萄棕色；背部呈灰色；尾长且黑；下体为淡葡萄红色，喉部中央有银灰色块斑。

栖息生境 山地针叶林或针阔叶混交林。

生活习性 活动敏捷，常常跳跃在树冠间或灌丛顶部，有时甚至会像鹟类一样捕食空中飞行的昆虫。叫声通常是细弱短促的声音，常连续多次。秋季会形成小家族游荡，冬天的夜晚会聚大群以减少热量散失。主要以昆虫为食。

保护区分布 保护区优势种，留鸟，主要分布在麻武乡、小马圈、甘沟、崆峒山、刘家沟、白草沟、中河、西岭沟和司马坪。

赵 伟 摄

杜进军 摄

银脸长尾山雀 *Aegithalos fuliginosus*

Sooty Bushtit

鸟纲—雀形目—长尾山雀科—长尾山雀属

保护状况　“三有”，IUCN等级LC，中国生物多样性红色名录等级LC，中国特有种。

野外识别特征　体长110 mm左右的长尾山雀。颊、颏和喉部呈银灰色，上体呈酱褐色，下体有宽阔的褐色胸带，两胁呈葡萄红褐色，其余部分为白色。尾羽浅褐色，最外侧为白色。

栖息生境　1 000 m以上的高山森林间。

生活习性　常以10余只的群体形式活动。3—5月开始繁殖，筑巢于树枝间或背风处，有时甚至会用鳞翅目昆虫的茧丝胶固定巢，每巢通常产卵6～8枚。主要以昆虫为食，其中多半是半翅目、鞘翅目、鳞翅目，偶尔吃一些植物的嫩叶和果实。

保护区分布　保护区少见种，留鸟，主要分布在甘沟和中河。

杜进军　摄

廖继承　摄

山鹛 *Rhopophilus pekinensis*
Beijing Hill Babbler

鸟纲—雀形目—鸦雀科—山鹛属

保护状况　“三有”，IUCN 等级 LC，中国生物多样性红色名录等级 LC。

野外识别特征　体长 150～170 mm。头顶棕色，具黑色纵纹。贯眼纹深棕色，髭纹黑色，颏、喉和胸部白色。颈背部棕色并有灰色纵纹，两胁有棕红色纵纹，尾羽灰褐色而末端有白斑。

栖息生境　有稀疏树木生长的山坡和平原疏林灌木与草丛。

生活习性　活泼好动，常单独活动，善于在灌木和小树间跳跃飞翔，善于在地面奔跑。繁殖期外可能会结群活动，甚至与其他鸟类如鹛类混群。繁殖期间常站在树上或灌木丛中鸣叫，鸣声响亮多变，常吸引周围鸟类对鸣。典型的食虫鸟类，以各种昆虫为主食，偶尔也会吃一些植物性食物。

保护区分布　保护区少见种，留鸟，主要分布在麻武乡。

赵 伟 摄

白眶鸦雀 *Sinosuthora conspicillata*

Spectacled Parrotbill

鸟纲—雀形目—鸦雀科—鸦雀属

保护状况 国家Ⅱ级，IUCN等级LC，中国生物多样性红色名录等级NT，中国特有种。

野外识别特征 体长约140 mm的鸦雀，雌雄相似。头部从头顶到后颈是棕色的，眼周为白色。头颈部位和下体呈粉褐色，上体为橄榄褐色，喉部和胸部有白色细纹。

栖息生境 海拔1 900～2 900 m的山地竹林和林缘灌丛中。

生活习性 性格活泼，常常结小群隐藏在山区森林的竹林层，有时也与其他鸟类如棕头鸦雀混群。有多种类型的声音系统，包括带鼻音的高音、较短的声音以及刺耳的警报声。主要以昆虫为食，但也吃植物和杂草的果实与种子。

保护区分布 保护区少见种，留鸟，主要分布在宽沟。

周玉国　摄

米常军　摄

棕头鸦雀 *Sinosuthora webbiana*

Vinous-throated Parrotbill

鸟纲—雀形目—鸦雀科—鸦雀属

保护状况 “三有”，IUCN等级LC，中国生物多样性红色名录等级LC。

野外识别特征 体长约120 mm的鸦雀，嘴粗而短。整体羽毛颜色前部为棕色，后部为褐色；两翅表面为红棕色；尾羽为暗褐色。

栖息生境 海拔1 500～2 000 m的中低山区阔叶林和混交林的林缘灌丛地带。

生活习性 常常成对或成小群活动，秋冬季节会形成较大群体。性格活泼而大胆，经常在灌木或小树枝叶间攀缘跳跃，或者从一棵树飞向另一棵树，飞行距离较短。常常边飞边叫，鸣声低沉而急速，有些嘈杂。主要以昆虫为食，也吃其他小型无脊椎动物以及植物果实和种子等。

保护区分布 保护区优势种，留鸟，主要分布在麻武乡、小马圈、太统山、韩家湾、白草沟、中河、高岭和大马圈。

赵 伟 摄

廖继承 摄

白领凤鹛 *Parayuhina diademata*

White-collared Yuhina

鸟纲—雀形目—绣眼鸟科—凤鹛属

保护状况　“三有”，IUCN等级LC，中国生物多样性红色名录等级LC。

野外识别特征　体长140～190 mm的中型鹛类，整体呈土褐色，颈后有白色斑块形成了白领，腹部和尾下覆羽为白色。

栖息生境　海拔1 500～3 000 m的山地环境中，包括阔叶林、针阔叶混交林、针叶林以及竹林。

生活习性　繁殖期常成对或单独活动，其他时候则会结成3～5只至10余只的小群。常活动和觅食于树冠层枝叶间，也会下到林下幼树、高灌木、竹丛以及林下草丛中。会不时发出尖细的“丝、丝、丝”的声音。主要以昆虫和植物果实与种子为食。

保护区分布　保护区常见种，留鸟，主要分布在麻武乡、崆峒水库、刘家沟、中河和司马坪。

廖继承　摄

红胁绣眼鸟 *Zosterops erythropleurus*

Chestnut-flanked White-eye

鸟纲—雀形目—绣眼鸟科—绣眼鸟属

保护状况 国家Ⅱ级，IUCN等级LC，中国生物多样性红色名录等级LC。

野外识别特征 体长110 mm左右的绣眼鸟。眼周具明显的白圈，上体为绿色，但两胁呈显著的栗红色，这使其与其他绣眼鸟容易区别开来。

栖息生境 阔叶林、针阔叶混交林、竹林、次生林等各种类型森林中。

生活习性 常单独、成对或成小群活动，喜欢在次生林和灌丛中穿梭跳跃，飞行时也常围绕着枝叶转动或在花上悬停，有时会与暗绿绣眼鸟混群觅食。夏季以昆虫为主食，冬季则以植物性食物为主。

保护区分布 保护区少见种，旅鸟，主要分布在麻武乡。

米常军　摄

暗绿绣眼鸟 *Zosterops simplex*
Swinhoe's White-eye

鸟纲—雀形目—绣眼鸟科—绣眼鸟属

保护状况　“三有”，IUCN等级LC，中国生物多样性红色名录等级LC。

野外识别特征　上体全部呈绿色，腹部白色。眼周有非常明显的白色圈。

栖息生境　阔叶林、针阔叶混交林、竹林、次生林等各种类型森林中。

生活习性　通常独自活动，在迁徙季节和冬季成小群活动。常在次生林和灌丛之间穿梭跳跃，飞翔时有时会围绕着树枝转动，或者通过快速振动翅膀悬停在花朵上。在活动时会发出细弱的“嗞嗞”声。主要以昆虫为食，也吃少量植物性食物。

保护区分布　保护区少见种，夏候鸟，主要分布在麻武乡。

赵　伟　摄

包新康　摄

斑胸钩嘴鹛 *Erythrogenys gravivox*
Black-streaked Scimitar Babbler

鸟纲—雀形目—林鹛科—钩嘴鹛属

保护状况 “三有”，IUCN等级LC，中国生物多样性红色名录等级LC。

野外识别特征 全长211～260 mm，上体为橄榄褐色，前额、耳羽至颈侧、胸侧和胁部以及尾下覆羽呈锈黄红色；颏、喉至胸部和腹部中央为白色，胸部具有黑色斑纹。

栖息生境 亚热带或热带的各种环境，如湿润疏灌丛、干燥疏灌丛、湿润低地林、高海拔疏灌丛、干草原以及湿润山地林等。

生活习性 喜集群，在林间进行短距离飞行，常在地面或植被下层活动和觅食。喜欢栖息于灌丛中，是典型的钩嘴鹛。巢址隐蔽，巢大，呈球状，巢材有苔藓、枯草叶秆等。肉食性，繁殖期主要以昆虫为食，同时也吃草籽等。

保护区分布 保护区少见种，留鸟，主要分布在麻武乡。

廖继承　摄

灰眶雀鹛 *Alcippe davidi*

David's Fulvetta

鸟纲—雀形目—雀鹛科—雀鹛属

保护状况　“三有”，IUCN等级NR，中国生物多样性红色名录等级LC。

野外识别特征　较小型鹛，体长125～140 mm。头、颈和脸呈褐灰色，有明显的黑色侧顶冠纹，白色眼眶显著。上体和翅、尾表面呈橄榄褐色；喉呈灰色；下体皮黄色。

栖息生境　海拔2 500 m以下的山地和山脚平原地带的森林和灌丛中。

生活习性　除繁殖期成对活动外，常常成5～10只的小群活动，有时也会与其他小鸟混群。常频繁地在树枝间跳跃或飞来飞去，有时也沿着粗树枝或在地上奔跑捕食，叫声单调。以昆虫及其幼虫为食，同时也吃植物果实、种子，苔藓，植物叶、芽等植物性食物。

保护区分布　保护区少见种，留鸟，主要分布在麻武乡。

廖继承　摄

包新康　摄

斑背噪鹛 *Ianthocincla lunulata*

Barred Laughingthrush

鸟纲—雀形目—噪鹛科—噪鹛属

保护状况　国家Ⅱ级，IUCN等级LC，中国生物多样性红色名录等级LC，中国特有种。

野外识别特征　体长240～280 mm的中型噪鹛，雌雄相似。头顶栗褐色；眼周环有宽阔的白色环带，上身主要为浅褐色，带有黑色的横纹和棕色羽端斑。胸部和颈部侧面略带褐色，腹部为白色，尾羽上分布着宽阔的黑色次端斑纹和较宽的白色末端斑纹。

栖息生境　栖息于1 300～2 200 m的针阔叶混交林和灌丛中。

生活习性　单独或成对活动，较少成群。主要在林下灌丛和地上活动，活动时频频鸣叫，鸣声响亮、单调，类似“古儿、古儿”的声音。主要吃天牛、金龟甲、蛴螬、竹蝗、象甲、鳞翅目幼虫等动物性食物，兼食植物果实与种子。

保护区分布　保护区少见种，留鸟，主要分布在崆峒山。

杜进军　摄

白颊噪鹛 *Pterorhinus sannio*
White-browed Laughingthrush

鸟纲—雀形目—噪鹛科—噪鹛属

保护状况　“三有”，IUCN等级LC，中国生物多样性红色名录等级LC。

野外识别特征　体长210～240 mm的小型噪鹛。通体棕褐色，具有明显的白色眉纹，眼先和颊也是白色。

栖息生境　海拔2 000 m以下的低山丘陵和山脚平原等地，喜欢栖息于矮树、灌丛和竹丛中。

生活习性　除繁殖期成对活动外，其他季节多成群活动，集群个体数量从10余只到20余只不等。性活泼，常在森林中下层和地上活动或觅食，善鸣叫，叫声响亮而急促。以昆虫和昆虫幼虫为主要食物，也吃植物果实和种子。

保护区分布　保护区少见种，留鸟，主要分布在麻武乡。

赵　伟　摄

杜进军　摄

山噪鹛 *Pterorhinus davidi*
Plain Laughingthrush

鸟纲—雀形目—噪鹛科—噪鹛属

保护状况　“三有”，IUCN等级LC，中国生物多样性红色名录等级LC，中国特有种。

野外识别特征　体长230～260 mm的中型噪鹛，上下体通常呈灰砂褐色，没有明显的斑纹。嘴黄色，稍弯。

栖息生境　山地丛生灌木和矮树的山坡上。

生活习性　常以成对或3～5只小群的形式活动和觅食。大多隐藏在树木间，性情机灵而温顺，对人类并不畏惧。鸣声非常多变，富有音韵，鸣唱时会将头部有节奏地向左右倾斜，还会不时地振动体羽或翘起尾巴。主要以昆虫及其幼虫为食，偶尔吃一些植物的果实和种子。

保护区分布　保护区优势种，留鸟，主要分布在麻武乡、太统山、甘沟、刘家沟、中河和大马圈。

廖继承　摄

赵　伟　摄

橙翅噪鹛 *Trochalopteron elliotii*

Elliot's Laughingthrush

鸟纲—雀形目—噪鹛科—噪鹛属

保护状况 国家Ⅱ级，IUCN等级LC，中国生物多样性红色名录等级LC，中国特有种。

野外识别特征 中型噪鹛，体长220～250 mm。整体羽毛呈现灰褐色，但飞羽和尾羽的边缘却有明显的橙黄色，尾下覆羽呈栗红色。

栖息生境 海拔1 500～3 400 m的山地和高原地区的森林和灌丛中。

生活习性 除繁殖期成对活动外，在其他季节多成群。常在灌丛下部的枝叶间跳跃、穿梭或飞来飞去，有时也会在林下的落叶层中觅食，同时发出连续的“古儿、古儿”的叫声，尤其在清晨和傍晚叫声频繁、响亮而动听。主要以昆虫和植物果实及种子为食。

保护区分布 保护区常见种，留鸟，主要分布在麻武乡、小马圈、甘沟、崆峒山、崆峒水库、宽沟、中河、高岭、西岭沟、司马坪。

廖继承　摄

普通䴓 *Sitta europaea*

Eurasian Nuthatch

鸟纲—雀形目—䴓科—䴓属

保护状况 “三有”，IUCN等级LC，中国生物多样性红色名录等级LC。

野外识别特征 体长约130 mm的䴓，头和颈两侧具有一道黑纹，上体其余部分呈石板蓝色，下体为白色至桂棕色，尾下覆羽白色，具有栗色羽缘。

栖息生境 广泛分布于山林中，喜欢栖息在高大的乔木、针阔叶混交林和阔叶林中。

生活习性 单独或成对活动，也会形成家族群，有时与其他小鸟混群。非常活跃，行动敏捷，在树干上可以向上或向下攀行，有时甚至以螺旋形攀缘树干。胆大，遇到人时并不容易惊慌，而会在树干上观察。主要以昆虫为食，有时也吃红松种子。

保护区分布 保护区常见种，留鸟，主要分布在麻武乡、甘沟、崆峒山、韩家湾和中河。

杜进军 摄

黑头䴓 *Sitta villosa*

Chinese Nuthatch

鸟纲—雀形目—䴓科—䴓属

保护状况　“三有”，IUCN等级LC，中国生物多样性红色名录等级NT。

野外识别特征　体长约100～120 mm的䴓。雄鸟头顶为黑色，雌鸟头顶为褐黑色；上体其余部分呈现石板灰蓝色；眉部区域具有淡白色或皮黄色的条纹；下体颏部和喉部接近白色，其余部分则为灰棕色。

栖息生境　山区针叶林和针阔叶混交林。

生活习性　常以单只、成对或组成3～5只的小群体形式进行活动。性格活泼好动，动作敏捷，具备沿着树干垂直上下攀爬的能力，如同啄木鸟那样边攀爬边敲击树木觅食。食物主要包括鞘翅目昆虫、鳞翅目、膜翅目和双翅目幼虫等。

保护区分布　保护区少见种，留鸟，主要分布在兔里坪。

赵　伟　摄

杜进军　摄

红翅旋壁雀 *Tichodroma muraria*

Wallcreeper

鸟纲—雀形目—䴓科—旋壁雀属

保护状况　“三有”，IUCN等级LC，中国生物多样性红色名录等级LC。

野外识别特征　体长170 mm左右，嘴细长略下弯，体羽灰色，两翅沾粉红色并具有明显的白色斑点。夏季喉部呈黑色，而冬季可能会变成白色。

栖息生境　栖息于高山悬崖峭壁和陡坡上，同时也出现在平原山地地区。

生活习性　非繁殖期通常单独活动。经常在岩壁上进行短距离飞行，飞行动作缓慢而呈波浪式，沿着岩壁活动和觅食。主要以昆虫及其幼虫为食，偶尔也吃少量其他无脊椎动物。觅食时会展开两翅，身体紧贴岩壁，然后用细长、下曲的嘴伸进岩壁缝隙取食。

保护区分布　保护区少见种，留鸟，主要分布在泾河。

杜进军　摄

赵　伟　摄

褐河乌 *Cinclus pallasii*

Brown Dipper

鸟纲—雀形目—河乌科—河乌属

保护状况　“三有”，IUCN等级LC，中国生物多样性红色名录等级LC。

野外识别特征　体形中等，约220 mm，通体深栗棕色。停落站立时尾向上不停地翘。

栖息生境　栖息于海拔较高的山林河川溪流处。

生活习性　经常在溪流中或溪边岩石上停歇。停歇时会不断弯腿、低头、翘尾，有时会突然潜入水中，在水底砂石间觅食，也会在溪边漫步觅食。繁殖期叫声多变，婉转悦耳。生性机敏，擅长隐藏。杂食性，主要吃水生昆虫及其幼虫，以及其他水生无脊椎动物，也食用水生植物及其种子。

保护区分布　保护区少见种，留鸟，主要分布在泾河湾。

包新康　摄

周玉国　摄

八哥 *Acridotheres cristatellus*

Crested Myna

鸟纲—雀形目—椋鸟科—八哥属

保护状况　“三有”，IUCN 等级 LC，中国生物多样性红色名录等级 LC。

野外识别特征　体长 220～260 mm，整个身体呈黑色，额部羽毛发达，延长并竖立着。两翅上有白色斑块，在飞行时十分显眼。尾羽为黑色，末端有白色斑块。

栖息生境　海拔 2 000 m 以下的低山丘陵和山脚平原地带的次生阔叶林、竹林以及林缘疏林中。

生活习性　喜欢结群生活，并与其他椋鸟混群栖息，常常站在水牛背上或聚集在大树上，有时候也会站在房屋的屋脊上。活泼好动，擅长鸣叫，在黄昏时分，常常以大群的形式在空中飞舞。主要以各种昆虫及其幼虫为食，也食用植物种子、蔬菜的茎叶等。

保护区分布　保护区少见种，留鸟，主要分布在香山。

包新康　摄

灰椋鸟 *Spodiopsar cineraceus*
White-cheeked Starling

鸟纲—雀形目—椋鸟科—椋鸟属

保护状况　“三有”，IUCN等级LC，中国生物多样性红色名录等级LC。

野外识别特征　体长230 mm的椋鸟，体羽呈灰褐色，头部为黑色，两侧有白色斑块；尾羽为白色；嘴和脚呈橙红色。

栖息生境　低山丘陵和开阔平原地带的疏林草甸、河谷阔叶林、林缘灌丛和次生阔叶林中。

生活习性　除繁殖期成对活动外，其他时候多成群活动。休息时常栖息在电线、电柱和树木枯枝上。飞行速度快，整群飞行，鸣声低微而单调。当一只鸟受到惊吓起飞时，鸟群中的其他成员会纷纷响应，整群起飞。主要以昆虫为食，也会吃少量植物果实和种子。

保护区分布　保护区常见种，留鸟，主要分布在太统山。

赵　伟　摄

杜进军　摄

北椋鸟 *Agropsar sturninus*

Daurian Starling

鸟纲—雀形目—椋鸟科—椋鸟属

保护状况　“三有”，IUCN等级LC，中国生物多样性红色名录等级LC。

野外识别特征　全长约180 mm的椋鸟。头顶呈暗灰色，肩部为紫黑色，具有棕白色的羽端；体羽呈紫黑色，具有金属光泽；尾部为黑色，呈叉状。

栖息生境　生活在低山丘陵和开阔平原地带的疏林草甸、河谷阔叶林，以及林缘灌丛和次生阔叶林中。也会栖息于农田、路边以及居民点附近的小块丛林中。

生活习性　典型的椋鸟，通常发出沙哑的哨音和嘶叫声。性喜成群，仅繁殖期成对活动。经常在草甸、河谷、农田等潮湿地带觅食，休息时多会栖息于电线、电柱和树木枯枝上。主要以昆虫为食，也会吃少量植物果实和种子。

保护区分布　保护区少见种，夏候鸟，主要分布在弹筝湖公园。

周玉国　摄

杜进军　摄

虎斑地鸫 *Zoothera aurea*

White's Thrush

鸟纲—雀形目—鸫科—地鸫属

保护状况　“三有”，IUCN等级LC，中国生物多样性红色名录等级LC。

野外识别特征　体长280～310 mm的大型鸫。上体橄榄褐色，每片羽毛均带有白色羽轴以及黑色的末端斑点和黄色的次末端斑点，腹部白色并带有棕白色的横纹。冬季时，雌雄个体的羽毛颜色相同。

栖息生境　主要栖息于溪谷、河流两岸和地势低洼的密林。

生活习性　单独或成对活动。主要活动于林中下部或地面。奔跑迅速，善于跳行，喜欢贴地飞行。主要以昆虫和无脊椎动物为食，也吃少量植物的果实、种子和嫩叶。

保护区分布　保护区少见种，旅鸟，主要分布于城子。

赵　伟　摄

乌鸫 *Turdus mandarinus*

Chinese Blackbird

鸟纲—雀形目—鸫科—鸫属

保护状况　“三有”，IUCN 等级 LC，中国生物多样性红色名录等级 LC。

野外识别特征　体长 260～280 mm 的鸫，雌雄相似。全身呈黑色，嘴呈黄色，脚呈黑褐色。

栖息生境　主要栖息在次生林、阔叶林、针阔叶混交林和针叶林等各种不同类型的森林中。

生活习性　经常以小群的形式在地面上奔跑，栖息在树枝上时，常常发出急促的“吱、吱”的短促叫声，擅长模仿其他鸟类的鸣叫声。性机警，对外界的反应非常敏感，夜间如果受到惊吓往往会飞离原来的栖息地。主要以昆虫为食，也吃樟籽、榕果以及各种杂草的种子。

保护区分布　保护区少见种，留鸟，主要分布在麻武乡。

赵　伟　摄

廖继承　摄

灰头鸫 *Turdus rubrocanus*

Chestnut Thrush

鸟纲—雀形目—鸫科—鸫属

保护状况　“三有”，IUCN等级LC，中国生物多样性红色名录等级LC。

野外识别特征　体长250～290 mm的鸫，头部、颈侧、喉部和上胸部呈灰褐色，而翅膀、尾巴以及尾下覆羽为黑色，其余的上下体都呈深栗棕色。

栖息生境　海拔2 000～ 3 500 m的山地阔叶林、针阔叶混交林、杂木林、竹林和针叶林中。

生活习性　单独或成对活动，迁徙时会集成几只或10余只的小群，有时与其他鸫类混群。性格胆怯而机警，一旦遇到人或受到干扰就会立刻发出警叫声。经常在林下灌木或乔木上活动和觅食，但更多时候是下到地面觅食。主要以昆虫和昆虫幼虫为食，也吃植物的果实和种子。

保护区分布　保护区常见种，留鸟，主要分布在崆峒山。

赵　伟　摄

廖继承　摄

黑喉鸫 *Turdus atrogularis*

Black-throated Thrush

鸟纲—雀形目—鸫科—鸫属

保护状况　“三有”，IUCN等级LC，中国生物多样性红色名录等级LC。

野外识别特征　体长约200～250 mm。上体呈灰褐色，具有很窄的栗色眉纹，颏部和腹部为白色，尾大部棕色。雄鸟的喉部和上胸部色黑，雌鸟的喉部和上胸部呈黑色并带有白色杂斑。

栖息生境　山地森林，特别是在针叶林和泰加林中。

生活习性　单独或成对生活，秋、冬季成群活动。在林下的地面积极活动并寻找食物，尤其在冬季更偏爱在杜鹃花丛中觅食，并会在尚未结冰的河岸边捕捉小型动物。以多种昆虫及其幼虫为主要食物来源，也会捕食其他无脊椎动物。冬季主要取食浆果和植物种子。

保护区分布　保护区少见种，冬候鸟，主要分布在崆峒山。

杜进军　摄

赤颈鸫 *Turdus ruficollis*

Red-throated Thrush

鸟纲—雀形目—鸫科—鸫属

保护状况 “三有”，IUCN等级LC，中国生物多样性红色名录等级LC。

野外识别特征 体长191～250 mm的鸫，上体呈灰褐色，具有很窄的栗色眉纹，尾部为棕栗色。颏部、喉部和上胸部呈赤褐色，而腹部为白色。

栖息生境 繁殖期间主要栖息于针叶林和泰加林中。在迁徙季节和冬季出现在低山丘陵和平原地带的阔叶林、次生林以及林缘疏林和灌丛中。

生活习性 繁殖期成对或单独活动，其他季节多成群活动，有时也会与斑鸫混群。经常在林下的灌木上或地面上跳跃觅食，一旦受到惊扰就会立刻飞到树上，并发出“嘎嘎”的叫声。以昆虫及其幼虫为主要食物，也会吃虾、田螺等其他无脊椎动物，有时吃沙枣等灌木果实和草籽。

保护区分布 保护区少见种，冬候鸟，主要分布在崆峒山。

包新康 摄

廖继承 摄

红尾斑鸫 *Turdus naumanni*

Naumann's Thrush

鸟纲—雀形目—鸫科—鸫属

保护状况 “三有”，IUCN等级LC，中国生物多样性红色名录等级NR。

野外识别特征 体长230～250 mm的鸫。体背部棕褐色；胸部环绕着一圈红棕色斑纹装饰，两肋散布着红棕色的点状斑点；眼部上方具有显著的白色眉纹。

栖息生境 森林、灌丛、草原等生境。

生活习性 在西伯利亚东部等地繁殖，迁徙范围几乎覆盖我国所有地域。在冬季集群中，显示出不同的体色变种，其中一部分个体呈现更深的黑褐色，另一部分则倾向于棕褐色。巢常筑在不高的树杈上，成碗状，巢材选用嫩枝、草茎和苔藓，混用泥土加固。主要食物来源是昆虫。

保护区分布 保护区少见种，冬候鸟，主要分布在麻武乡。

杜进军 摄

斑鸫 *Turdus eunomus*

Dusky Thrush

鸟纲—雀形目—鸫科—鸫属

保护状况　“三有”，IUCN等级LC，中国生物多样性红色名录等级LC。

野外识别特征　体长约250 mm的鸫，上体呈橄榄褐色，胸部和两侧胁部布满栗色斑点，而腋羽和尾部呈棕红色。

栖息生境　栖息于泰加林、桦树林、白杨林、杉木林、松林和林缘灌丛地带。

生活习性　繁殖期成对活动，迁徙季节常集成数十只甚至上百只的大群。性格活泼，胆大，不怕人，活动时常伴随着尖细的“叽-叽-叽”的叫声。一般在地上活动和觅食，边跳跃觅食边鸣叫。主要以昆虫为食。

保护区分布　保护区少见种，冬候鸟，主要分布在太统山。

赵　伟　摄

廖继承　摄

宝兴歌鸫 *Turdus mupinensis*

Chinese Thrush

鸟纲—雀形目—鸫科—鸫属

保护状况　“三有”，IUCN等级LC，中国生物多样性红色名录等级LC，中国特有种。

野外识别特征　体长200～240 mm的鸫，雌雄相似。上体呈橄榄褐色，耳羽上有黑斑；而下体近白色，布满密集的圆形黑斑。

栖息生境　海拔1 200～3 500 m的山地针阔叶混交林和针叶林中。

生活习性　留鸟，但在北部繁殖的一些种群可能会迁徙到南方越冬。单独或成对活动，经常在林下的灌丛中或地面上寻找食物。主要以金龟甲、蝽象、蝗虫、鳞翅目、鞘翅目等昆虫和昆虫幼虫为食。

保护区分布　保护区少见种，夏候鸟，主要分布在高岭。

廖继承　摄

杜进军　摄

栗腹歌鸲 *Larvivora brunnea*

Indian Blue Robin

鸟纲—雀形目—鹟科—歌鸲属

保护状况　“三有”，IUCN等级LC，中国生物多样性红色名录等级LC。

野外识别特征　体长130～150 mm。雄鸟的上体呈灰蓝色，下体大多为栗色，而白色眉纹非常明显；雌鸟的上体呈橄榄褐色，下体为白色但带有一些赭棕色。

栖息生境　1 000～3 500 m的山地常绿阔叶林和林缘灌丛中。

生活习性　常单独或成对活动，它们生活在地面上，多在林下和灌丛间活动和觅食，也会经常到灌木的低枝上活动，较少上到树上。性格胆怯而机敏，善于在地面上快速奔跑，不时地上下摆动尾巴，或者将尾巴向上翘起并左右散开。在繁殖期间，雄性常站在灌木枝头上鸣唱，声音清脆悦耳，动听婉转。食物主要包括鞘翅目、鳞翅目、膜翅目等昆虫和昆虫幼虫，也会吃小型软体动物和甲壳类。

保护区分布　保护区少见种，夏候鸟，主要分布在麻武乡。

来源：红外相机

红喉歌鸲 *Calliope calliope*

Siberian Rubythroat

鸟纲—雀形目—鹟科—歌鸲属

保护状况　“国家Ⅱ级”，IUCN等级LC，中国生物多样性红色名录等级LC。

野外识别特征　体长130～160 mm。上体棕褐色有明显的白色眉纹和颊纹。雄鸟颏、喉部呈鲜明的赤红色，而雌鸟颏、喉部呈淡红色或白色。腹部白色，胁部褐色。尾长呈棕色，尾下覆羽白色。

栖息生境　栖息于低山丘陵和山脚平原地带的次生阔叶林和混交林中，也常出现在平原地带生长茂密的草丛或芦苇丛间。

生活习性　通常在地面上活动，喜欢在平原的繁茂树丛、灌木丛、芦苇丛和草丛中跳跃或奔跑，并且在奔跑时常常会停顿并将尾羽扇开。经常在近水的地面觅食，擅长模仿蟋蟀、纺织娘、油葫芦、金钟儿等虫的鸣声。主要吃直翅目、半翅目、膜翅目的昆虫，也会吃少量植物性食物。

保护区分布　保护区少见种，夏候鸟，主要分布在麻武乡。

赵 伟 摄

红肋蓝尾鸲 *Tarsiger cyanurus*

Red-flanked Bluetail

鸟纲—雀形目—鹟科—鸲属

保护状况　“三有”，IUCN等级LC，中国生物多样性红色名录等级LC。

野外识别特征　体长约为120～150 mm。雄鸟上体蓝灰色，眉纹白色；下体白色为主，两胁呈现栗橙色，尾蓝色。而雌鸟上体棕褐色。

栖息生境　海拔1 000 m以上的山地针叶林、针阔叶混交林和林缘疏林灌丛地带。

生活习性　常单独或成对活动，偶尔在秋季可见3～5只的小群体。地栖生活，仅繁殖季节雄性鸟会在枝头鸣叫展示。偏好在林下的地面快速奔跑，或在低矮灌木丛的枝丫间跳跃，极具隐秘性。繁殖季的主要食物为各种昆虫，迁徙季还会适量摄取一些植物果实、种子等植物性食物。

保护区分布　保护区少见种，旅鸟，主要分布在后峡。

廖继承　摄

杜进军　摄

白额燕尾 *Enicurus leschenaulti*

White-crowned Forktail

鸟纲—雀形目—鹟科—燕尾属

保护状况　“三有”，IUCN等级LC，中国生物多样性红色名录等级LC。

野外识别特征　体长约270 mm，前额至头顶为白色，头顶的羽毛较长形成冠状。头顶后部至背部、肩羽及头部、颈部两侧、颏部、喉部至胸部为纯黑色。腰部至尾上覆羽和下体的大部分为纯白色。

栖息生境　山涧溪流和河谷沿岸，特别偏爱水流湍急、河中有许多石头的林间溪流。

生活习性　单独或成对活动，在水边或水中的石头上休息，或者在浅水中觅食。性格胆怯，一旦受到干扰会立即起飞，沿着水面低空飞行，发出尖叫声。食物主要是水生昆虫和昆虫幼虫，还吃其他陆生小型无脊椎动物。

保护区分布　保护区少见种，留鸟，主要分布在崆峒水库。

包新康　摄

廖继承　摄

紫啸鸫 *Myophonus caeruleus*

Blue Whistling Thrush

鸟纲—雀形目—鹟科—啸鸫属

保护状况　“三有”，IUCN等级LC，中国生物多样性红色名录等级LC。

野外识别特征　体长300 mm左右的鹟科鸟。通体深紫蓝色，具有闪亮的蓝色点斑。

栖息生境　海拔3 800 m以下的山地森林溪流沿岸。

生活习性　独自或成对活动，喜欢栖息在溪边的岩石或在杂乱的石块中间跳跃或在空中飞翔。有时也会进入附近的村庄或园地。性格活泼而机警，停下来时会摆动尾羽。主要以昆虫和昆虫幼虫为食，偶尔也吃一些其他小型动物、少量植物的果实和种子。

保护区分布　保护区少见种，夏候鸟，主要分布在泾河和林区。

包新康　摄

红喉姬鹟 *Ficedula albicilla*

Taiga Flycatcher

鸟纲—雀形目—鹟科—姬鹟属

保护状况　“三有”，IUCN 等级 LC，中国生物多样性红色名录等级 LC。

野外识别特征　体长 110～130 mm，雄鸟上体灰黄褐色，颏和喉部呈橙红色，尾部为黑色，外侧尾羽基部为白色，形成一个明显的黑色“T”字形。雌鸟的喉部呈白色。

栖息生境　低山丘陵和山脚平原地带的阔叶林、针阔叶混交林和针叶林中。

生活习性　单独或成对活动，偶尔也会成小群。非常活泼，整天在树枝间跳跃或飞来飞去，捕食飞行性昆虫，然后返回原处。有时也会在林下灌丛中或地面上觅食。性格胆怯，不太常鸣叫。常常喜欢将尾巴散开并轻轻地上下摆动。主要以昆虫及其幼虫为食。

保护区分布　保护区少见种，旅鸟，主要分布在中河。

廖继承　摄

周玉国　摄

赭红尾鸲 *Phoenicurus ochruros*

Black Redstart

鸟纲—雀形目—鹟科—红尾鸲属

保护状况 “三有”，IUCN等级LC，中国生物多样性红色名录等级LC。

野外识别特征 体长130～160 mm，雄鸟头顶灰色，上体余部黑色。腹部橙色，中央尾羽褐色，其余尾羽橙棕色。雌鸟全身褐色，尾上覆羽和尾羽是棕色的，中央尾羽是深褐色的。

栖息生境 海拔2 500～4 500 m的高山地区，主要分布于针叶林和高山灌丛、草地。

生活习性 繁殖期成对活动，其他时间单独活动。习惯停留在灌木或树木的低枝上，发现食物时会突然飞下捕食。鸣声由6～7个响亮有力的颤音组成，以奇特的粗哑声收尾。主要以鞘翅目、鳞翅目、膜翅目昆虫为食，也会吃其他小型无脊椎动物、植物种子、果实和草籽。

保护区分布 保护区少见种，夏候鸟，主要分布在麻武乡。

赵 伟 摄

黑喉红尾鸲 *Phoenicurus hodgsoni*

Hodgson's Redstart

鸟纲—雀形目—鹟科—红尾鸲属

保护状况　“三有”，IUCN等级LC，中国生物多样性红色名录等级LC。

野外识别特征　体长130～160 mm，雄鸟额基至耳羽、喉和胸黑色，额白，头浅灰色，肩背部灰色，两翅上有白色翼斑，尾上覆羽和尾羽为棕色，下体其余部分棕色。雌鸟上体浅灰褐色，尾羽棕色较淡，下体浅于上体，腹部近白。

栖息生境　海拔2 000～4 000 m的高山和高原灌丛草地、林缘、疏林、河谷、灌丛中。

生活习性　常常是单独或成对活动，偶尔也会成3～5只的小群。有时也在低矮树丛间飞来飞去，有时在高的树枝上停息或在空中捕食昆虫。在停息时，尾巴经常不停地上下摆动。主要以昆虫为食，偶尔吃少量植物的果实和种子。

保护区分布　保护区少见种，留鸟，主要分布在香山和高岭。

包新康　摄

赵　伟　摄

北红尾鸲 *Phoenicurus auroreus*

Daurian Redstart

鸟纲—雀形目—鹟科—红尾鸲属

保护状况　“三有”，IUCN等级LC，中国生物多样性红色名录等级LC。

野外识别特征　体长130～150 mm，雄鸟具有灰白色的头部，翅膀黑色并带有明显的白色翼斑，腰部和尾羽为棕色，中央尾羽为黑褐色；颏、喉部和颈侧均为黑色，下体其他部分为棕色。雌鸟除了尾羽是棕色外，其他部位主要为灰褐色。

栖息生境　山地、森林、河谷、林缘和居民点附近的灌丛与低矮树丛中。

生活习性　单独或成对活动。行动敏捷，经常在地面和灌丛间跳跃寻找昆虫。不喜欢高空飞翔，性格胆怯，一旦见到人就会藏匿在丛林中。活动时常常伴随着清脆而尖细的“滴-滴-滴”的叫声。停歇时常常不断地上下摆动尾巴和点头。主要以昆虫及其幼虫为食。

保护区分布　保护区常见种，留鸟，主要分布在麻武乡、太统山、后峡河、刘家沟、中河、高岭、大马圈和司马坪。

包新康　摄

廖继承　摄

红尾水鸲 *Phoenicurus fuliginosus*

Plumbeous Water Redstart

鸟纲—雀形目—鹟科—水鸲属

保护状况 “三有”，IUCN等级LC，中国生物多样性红色名录等级LC。

野外识别特征 体长120～150 mm，雄鸟通体暗灰蓝色，翅膀为黑褐色，而尾羽和尾的上、下覆羽呈栗红色。雌鸟的上体为灰褐色，翅膀为褐色，具有两道白色的点状斑纹；尾羽为白色，端部和羽缘呈褐色，而尾的上、下覆羽则是纯白色；下体为灰色，杂以不规则的白色细斑。

栖息生境 山地溪流和河谷沿岸，喜欢有许多石头的林间或林缘地带的溪流沿岸。

生活习性 单独或成对活动。经常停留在水边或水中的石头上，也可能停在公路旁的岩壁或电线上。停立时常常不断地摆动尾巴，有时会将尾巴展开并左右摆动。飞行时常常发出单调而清脆的“吱吱”声。主要以各种昆虫及其幼虫为食，偶尔吃一些植物的果实和种子。

保护区分布 保护区少见种，留鸟，主要分布在崆峒山。

廖继承 摄

白顶溪鸲 *Phoenicurus leucocephalus*

White-capped Water Redstart

鸟纲—雀形目—鹟科—溪鸲属

保护状况　“三有”，IUCN等级LC，中国生物多样性红色名录等级LC。

野外识别特征　体长170～220 mm，头顶白色，腰部、尾上覆羽、尾羽和腹部呈深栗红色，其余部分则为黑色。

栖息生境　栖息在山区河谷、山间溪流、河岸、河床以及河中露出水面的巨大岩石间。

生活习性　常常以单个或成对的形式活动，有时也会以3～5只的小群出现。在岩石上活动或站立时，将尾部竖举、散开呈扇形，并上下不停地弹动。飞行能力并不强，边飞边发出“唧”的叫声。主要以昆虫为食，也会吃少量盲蛛、软体动物、野果和草籽等。

保护区分布　保护区少见种，留鸟，主要分布在泾河和胭脂河。

赵　伟　摄

蓝矶鸫 *Monticola solitarius*

Blue Rock Thrush

鸟纲—雀形目—鹟科—矶鸫属

保护状况　“三有”，IUCN 等级 LC，中国生物多样性红色名录等级 LC。

野外识别特征　体长 250 mm 左右，雄鸟通体呈蓝色，翅膀和尾部黑色。雌性成鸟的上体通常是灰蓝色，下体则为黑褐色和棕白色交错。

栖息生境　主要栖息在多岩石的低山峡谷和山溪、湖泊等水域附近的岩石山地。也常见于海滨岩石和附近的山林中。

生活习性　单独或成对活动。主要在地面上觅食，经常从高处直接落到地面上捕食，或者突然飞出捕捉在空中活动的昆虫，然后返回原来的栖息地。繁殖期间，雄鸟会站在突出的岩石顶端或小树枝上高声鸣叫，有时还能模仿其他鸟类的鸣叫声。食物主要包括各种昆虫。

保护区分布　保护区少见种，夏候鸟，主要分布在崆峒山和太统山。

廖继承　摄

周玉国　摄

栗腹矶鸫 *Monticola rufiventris*

Chestnut-bellied Rock Thrush

鸟纲—雀形目—鹟科—矶鸫属

保护状况　“三有”，IUCN等级LC，中国生物多样性红色名录等级LC。

野外识别特征　体长200～250 mm，雄鸟具有钴蓝色的上体，白色的喉部，以及栗红色的下体。雌鸟则具有橄榄褐色的上体，下体为棕白色，上面密布着黑褐色的横斑。

栖息生境　栖息于山地常绿阔叶林、针阔叶混交林、针叶林、疏林和林缘地带。

生活习性　常单独或成对活动，偶尔也会集成小群。经常停留在乔木顶枝上，不停地摆动尾巴，有时甚至会将尾巴散开成扇形。主要在地面上觅食，也会在空中捕食。繁殖期间经常站在高大树木的顶端，长时间地发出鸣叫声。主要以昆虫及其他小型动物为食。

保护区分布　保护区少见种，留鸟，主要分布在太统山。

赵　伟　摄

包新康　摄

东亚石䳭 *Saxicola stejnegeri*

Amur Stonechatt

鸟纲—雀形目—鹟科—石䳭属

保护状况　“三有”，IUCN 等级 NR，中国生物多样性红色名录等级 NR。

野外识别特征　雄鸟背和喉黑色，腹面棕色，翅上和尾基有白色块斑。雌鸟与雄鸟相似，但无黑喉，与黑喉石䳭相比下体棕色较淡，向后近白，胁部沾棕。

栖息生境　开放的灌木丛。

生活习性　单独或成对活动，常站在树枝上扭动尾羽。能在空中悬停或垂直飞翔。繁殖期时，它们在高处鸣叫，声音尖细响亮。肉食性，主要吃陆生小型无脊椎动物。

保护区分布　保护区少见种，旅鸟，主要分布于中河。

杜进军　摄

太平鸟 *Bombycilla garrulus*

Bohemian Waxwing

鸟纲—雀形目—太平鸟科—太平鸟属

保护状况　“三有”，IUCN等级LC，中国生物多样性红色名录等级LC。

野外识别特征　体长约200 mm。整体灰褐色，头部拥有一簇尖锐形态的羽冠，双翅各自装饰有一道倾斜的白色斑纹，尾巴部分呈现出明亮的黄色。

栖息生境　主要生活在针叶林、针阔叶混交林以及杨桦林中，有时出没于果园、城市公园等的树木上。

生活习性　通常聚集成群，经常栖息在树冠顶端或枯枝之上，较少停留在地面上。在飞行过程中会快速振动双翅，并且边飞翔边鸣叫。其鸣叫声柔和细腻，能发出多种音调。杂食性鸟类，主要以植物性食物为食源，也会摄取少量昆虫。

保护区分布　保护区优势种，冬候鸟，主要分布在泾河湾。

廖继承　摄

杜进军　摄

褐岩鹨 *Prunella fulvescens*

Brown Accentor

鸟纲—雀形目—岩鹨科—岩鹨属

保护状况　“三有”，IUCN 等级 LC，中国生物多样性红色名录等级 LC。

野外识别特征　体长 150～210 mm 的岩鹨。上体灰褐色，拥有显著的白色眉纹；下体淡棕黄色，胸部颜色更深。

栖息生境　荒漠、半荒漠以及由高山裸露岩石构成的草地环境。

生活习性　在繁殖季节往往独立或成双活动，在非繁殖季节倾向于集结成群。地栖性生物，在地面、岩石表面或灌木丛中频繁活动觅食。冬季迁至海拔相对较低的山谷、沟壑、河流以及湖泊地区。主要取食各种昆虫，也摄取其他小型无脊椎动物以及植物的果实、种子和草籽等。

保护区分布　保护区少见种，旅鸟，主要分布在麻武乡。

赵　伟　摄

棕眉山岩鹨 *Prunella montanella*

Siberian Accentor

鸟纲—雀形目—岩鹨科—岩鹨属

保护状况　“三有”，IUCN等级LC，中国生物多样性红色名录等级LC。

野外识别特征　体长130～160 mm的小型岩鹨。雌雄相似。前额、眼先、颊部、耳羽和头顶黑色，眉纹、颏和喉土黄色。上体大致棕褐色，下体土黄色。

栖息生境　高山灌丛，河谷、渠边的小树上。

生活习性　通常单独或成对活动，也会集结成小团体活动。在地面行动敏捷，善于隐蔽，常选择浓密的灌木丛作为藏身之所，极少鸣叫。一旦察觉到远处有人靠近，便会迅速起飞并隐入附近其他灌木丛中。主要以各种昆虫和昆虫幼虫为食，同时也食用植物性食物。

保护区分布　保护区少见种，冬候鸟，主要分布在后沟。

熊　能　摄

山麻雀 *Passer cinnamomeus*

Russet Sparrow

鸟纲—雀形目—雀科—麻雀属

保护状况　“三有”，IUCN 等级 LC，中国生物多样性红色名录等级 LC。

野外识别特征　体长 130～150 mm 的麻雀，体羽呈栗红色，背部具有黑色条纹，翅膀为黑褐色，有两道棕白色的横斑，下体为白色。颏和喉部中央为黑色。

栖息生境　海拔 1 500 m 以下的低山丘陵、山脚平原地带的各类森林和灌丛中。

生活习性　性喜结群，仅繁殖期可能单独或成对活动。飞行能力较其他麻雀强，活动范围更广。冬季会迁移至山麓草坡、耕地和村寨附近活动。不依赖树木，在房子周围繁殖，并在街上觅食残羹剩饭。杂食性。

保护区分布　保护区少见种，留鸟，主要分布在中河。

杜进军　摄

廖继承　摄

麻雀 *Passer montanus*

Eurasian Tree Sparrow

鸟纲—雀形目—雀科—麻雀属

保护状况　“三有”，IUCN等级LC，中国生物多样性红色名录等级LC。

野外识别特征　体长140～160 mm，雄鸟从额部至后颈呈纯肝褐色，上体为砂棕褐色并具有黑色条纹，翅上有两道明显的近白色横斑纹，颏和喉部为黑色。雌鸟与雄鸟相似，嘴基带有黄色。

栖息生境　海拔300～2 500 m地区的山地、平原、丘陵、草原、沼泽和农田。

生活习性　非常适应人类生活的鸟类，经常活动在人类居住的地方，喜欢在屋檐、墙洞等处营巢。除繁殖期外，喜群居，秋季会聚集成大群。夏、秋季节主要以禾本科植物的种子为食，育雏期则主要以危害禾本科植物的昆虫为主食，在冬季和早春季会以杂草种子和野生禾本科植物的种子为食。

保护区分布　保护区优势种，留鸟，主要分布在麻武乡、泾河湾和中河。

赵　伟　摄

树鹨 *Anthus hodgsoni*

Tree Pipit

鸟纲—雀形目—鹡鸰科—鹨属

保护状况　“三有”，IUCN等级LC，中国生物多样性红色名录等级LC。

野外识别特征　体长150 mm左右的鹨，雌雄相似。整体橄榄绿色，微带斑点，头部有黑褐色纵纹和棕黄色眉纹，有两道白色翼斑。下体灰白色，胸、胁部有显著的黑色粗条纹。

栖息生境　阔叶林、针叶林和混交林。

生活习性　繁殖期常成对活动，迁徙季节集结成小群。性机警，一旦受到惊扰会迅速飞向附近的树木。在飞行过程中不断发出尖锐的鸣叫，停歇时尾部常常有规律地上下摆动。主要取食昆虫及其他小型无脊椎动物，也食用苔藓、谷粒、杂草种子等植物性食物。

保护区分布　保护区少见种，夏候鸟，主要分布在香山。

廖继承　摄

粉红胸鹨 *Anthus roseatus*

Rosy Pipit

鸟纲—雀形目—鹡鸰科—鹨属

保护状况　“三有”，IUCN等级LC，中国生物多样性红色名录等级LC。

野外识别特征　体长150 mm左右，繁殖羽上体棕灰色，胸部呈淡葡萄红色，下体其他部分呈黄白色，胸部和腹部具有密集或稀疏的较粗的褐色纵纹；非繁殖羽偏褐色。

栖息生境　繁殖于海拔2 700～4 400 m的高山草甸及多草的高原，冬季多迁徙至低海拔的农田、草地。

生活习性　性格活泼，对人不畏惧。常单独或成对活动，迁徙季节和冬季则会组成小群。喜欢在草地或稀疏的灌丛中奔跑觅食，受到惊扰时会飞到附近的树上避难。繁殖期主要以昆虫为食，非繁殖期主要以各种杂草种子等植物性食物为食。

保护区分布　保护区少见种，夏候鸟，主要分布在麻武乡。

赵　伟　摄

水鹨 *Anthus spinoletta*

Water Pipit

鸟纲—雀形目—鹡鸰科—鹨属

保护状况　“三有”，IUCN等级LC，中国生物多样性红色名录等级LC。

野外识别特征　体长约170 mm，上体呈灰褐色，具有不太明显的暗褐色纵纹。下体为棕白色或浅棕色，胸部颜色较浓。可通过深色的跗跖和不明显的胸部深色纵纹与黄腹鹨区分。

栖息生境　海拔约900～1 300 m的高山草原、阔叶林、混交林和针叶林。

生活习性　单独或成对活动，迁徙期会形成较大的群体。主要在地面上奔跑觅食，非常机警，一旦受到惊扰就会迅速飞到附近的树上。站立时常常会摆动尾巴。性格活跃，会不断地在地面或灌丛中觅食。食物主要是昆虫，偶尔也会吃一些植物种子。

保护区分布　保护区少见种，冬候鸟，主要分布在中河。

包新康　摄

赵　伟　摄

黄鹡鸰 *Motacilla tschutschensis*

Eastern Yellow Wagtail

鸟纲—雀形目—鹡鸰科—鹡鸰属

保护状况 “三有”，IUCN等级LC，中国生物多样性红色名录等级LC。

野外识别特征 体长150～180 mm的鹡鸰。头顶灰色，上体橄榄绿色，黑褐色的覆羽和飞羽有明显的乳黄色羽缘，形成两道明显的黄白色翼斑，而下体则呈黄色。

栖息生境 低山丘陵、平原以及海拔4 000 m以上的高原山地。

生活习性 通常成对或成小群活动，迁徙期也会形成大群。喜欢停栖在河边或岩石上，尾部常不停地摆动。飞行时呈波浪状前进，常边飞边发出唧唧的叫声。主要以昆虫为食，通常在地面捕食，有时也会在空中捕食昆虫。

保护区分布 保护区少见种，旅鸟，主要分布在泾河湾和后河。

廖继承 摄

灰鹡鸰 *Motacilla cinerea*

Grey Wagtail

鸟纲—雀形目—鹡鸰科—鹡鸰属

保护状况 “三有”，IUCN等级LC，中国生物多样性红色名录等级LC。

野外识别特征 体长190 mm，喉部在夏季通常为黑色，冬季则呈白色；眉纹为白色，腰部和尾上覆羽为黄绿色，下体为黄色。飞行时白色翼斑和黄腰明显，尾较长。

栖息生境 常见于溪流、河谷、湖泊、水塘和沼泽等水域岸边，也出现在水域附近的草地、农田、住宅和林区居民点。

生活习性 常单独或成对活动，有时也集成小群或与其他鸟类混群。喜欢停栖于水边、岩石、电线杆、屋顶等突出物体上，并常在飞行时发出特有的鸣叫声。食物以昆虫为主，也吃其他小型无脊椎动物。

保护区分布 保护区常见种，夏候鸟，主要分布在麻武乡、后河、泾河湾、中河和大马圈。

杜进军　摄

黄头鹡鸰 *Motacilla citreola*

Citrine Wagtail

鸟纲—雀形目—鹡鸰科—鹡鸰属

保护状况 “三有”，IUCN等级LC，中国生物多样性红色名录等级LC。

野外识别特征 体长180 mm。雄鸟头部和下体辉黄色，尾羽黑褐色，但最外侧两对尾羽为白色。翅膀上有明显的白色斑纹；雌鸟头顶灰色，黄色眉纹和脸颊黄色汇合成环。

栖息生境 湖畔、河边、农田、草地、沼泽等各类生境中。

生活习性 通常成对或成小群活动，有时也单独活动，尤其是在觅食时。在迁徙季节和冬季可能会形成大群。常见于水边、草地和农田等地方。主要以昆虫为食，偶尔也吃少量植物性食物。叫声通常是一种清晰的“tsweep”的喘息声。

保护区分布 保护区少见种，夏候鸟，主要分布在麻武乡。

赵 伟 摄

杜进军 摄

白鹡鸰 *Motacilla alba*

White Wagtail

鸟纲—雀形目—鹡鸰科—鹡鸰属

保护状况 “三有”，IUCN等级LC，中国生物多样性红色名录等级LC。

野外识别特征 体长170～200 mm的鹡鸰。上体大多为黑色，下体为白色。双翼和尾黑白相间。头后、胸部和颈背有显著黑色斑纹。雌鸟比雄鸟颜色更暗。

栖息生境 河流、湖泊、水库、水塘等水域岸边，也栖息于农田、湿草原、沼泽等湿地。

生活习性 通常单独或成对活动，也会成3～5只的小群，迁徙期间可能成10～20只的群活动。当受到干扰时会斜着起飞，发出清脆响亮的鸣叫声。飞行通常呈波浪式曲线，停栖时尾部会不停地上下摆动。食物主要是各种昆虫，也会吃蜘蛛和植物种子、浆果等。

保护区分布 保护区少见种，夏候鸟，主要分布在崆峒水库和中河。

赵 伟 摄

燕雀 *Fringilla montifringilla*

Brambling

鸟纲—雀形目—燕雀科—燕雀属

保护状况 “三有”，IUCN等级LC，中国生物多样性红色名录等级LC。

野外识别特征 体长约150～160 mm。雄鸟头顶、两侧以及颈部和上背为有光泽的蓝黑色。下背部、腰部以及尾上覆羽基部为白色，边缘则镶有黑色。其颏部、喉部和胸部为橙色，尾部略呈叉形。雌鸟色彩相对较淡。

栖息生境 林地和灌丛。

生活习性 常成对活动，喜集大群迁徙。以植物的种子、幼嫩枝叶为食，对农业生产有不利影响，亦捕食农田昆虫，对生产也有正面作用。

保护区分布 保护区少见种，冬候鸟，主要分布在崆峒山。

赵 伟 摄

杜进军 摄

黑尾蜡嘴雀 *Eophona migratoria*

Chinese Grosbeak

鸟纲—雀形目—燕雀科—蜡嘴雀属

保护状况　“三有”，IUCN等级LC，中国生物多样性红色名录等级LC。

野外识别特征　体长170～200 mm，雄鸟头部全黑，翅膀黑色并带有白色斑块，其他部分近似灰色。雌鸟除翅膀和雄鸟颜色相同外，身体羽毛大致呈灰色。

栖息生境　低山和山脚平原地带的阔叶林、针阔叶混交林、次生林和人工林中。

生活习性　繁殖期单独或成对活动，非繁殖期则成群活动。主要栖息于树上，经常在树冠层的枝叶间跳跃或飞翔，飞行迅速而灵活。性格活泼大胆，不太害怕人类。平时鸣叫较少，但在繁殖期间会频繁鸣叫，其鸣声悠扬婉转。以植物性食物为主，也会捕食部分昆虫和小型无脊椎动物。

保护区分布　保护区少见种，冬候鸟，主要分布在太统山和泾河湾。

赵　伟　摄

杜进军　摄

普通朱雀 *Carpodacus erythrinus*

Common Rosefinch

鸟纲—雀形目—燕雀科—朱雀属

保护状况　“三有”，IUCN等级LC，中国生物多样性红色名录等级LC。

野外识别特征　体长130～160 mm的朱雀，雄鸟头部鲜红色，并从颊部延伸到胸部，翼上有粉红色的斑块，腰部有粉红色的带状图案。雌鸟上体呈橄榄灰色，额部和头顶有斑纹，翼上斑块呈淡皮黄色。

栖息生境　海拔1 000 m以上的针叶林和针阔叶混交林及其林缘地带。

生活习性　常单独或成对活动，非繁殖期也会形成几只至十几只的小群，一起觅食。性格活泼，经常在树木或灌丛间飞来飞去，常呈波浪状飞行。不太爱叫，但繁殖期雄鸟会站在灌木枝头上发出悦耳的鸣叫声。以植物性食物为主，繁殖期也会捕食部分昆虫。

保护区分布　保护区少见种，夏候鸟，主要分布在中河。

廖继承　摄

酒红朱雀 *Carpodacus vinaceus*

Vinaceous Rosefinch

鸟纲—雀形目—燕雀科—朱雀属

保护状况　“三有”，IUCN等级LC，中国生物多样性红色名录等级LC。

野外识别特征　雄鸟整体呈深朱红色，腰羽鲜红，眉纹和三级飞羽外翈先端为淡粉红色。雌鸟呈深黄褐色，下体较淡，眉纹不显著。

栖息生境　海拔3 000 m以下的山地针叶林、杨桦林、竹林和针阔叶混交林及其林缘地带。

生活习性　在灌丛、竹丛中活动和觅食，冬季也会到林缘、农田、地边以及居民住宅附近的树丛与灌丛等开阔地带活动和觅食。单独或成对活动，有时也成小群。性格胆怯而机警。主要以草籽、果实和种子等植物性食物为主，偶尔也吃少量昆虫。

保护区分布　保护区少见种，留鸟，主要分布在崆峒山。

包新康　摄

中华长尾雀 *Carpodacus lepidus*

Chinese Long-tailed Rosefinch

鸟纲—雀形目—燕雀科—朱雀属

保护状况　“三有”，IUCN等级NR。

野外识别特征　体长130～150 mm。雄鸟额、颏和眼后红色，头顶后颈栗红色。翼羽边缘和先端白色，尾羽外侧亦白色。嘴短粗，膨胀。雌鸟头部灰色，有暗斑，翼斑宽白，腰部橙褐色。

栖息生境　稀疏的次生阔叶林缘，灌丛、河谷。

生活习性　繁殖期常单独或成对活动，繁殖期后会形成家族群。喜欢在小树、灌木或草穗等植物上觅食，行动敏捷，常在枝间跳跃或攀缘。飞行时速度较慢，翅膀发出嘟嘟的振动声。叫声通常是单调的“喳-”声或流水般的颤鸣。主要以植物种子为食，繁殖期间偶尔也吃少量昆虫。

保护区分布　保护区常见种，留鸟，主要分布在麻武乡，高岭。

廖继承　摄

包新康　摄

斑翅朱雀 *Carpodacus trifasciatus*

Three-banded Rosefinch

鸟纲—雀形目—燕雀科—朱雀属

保护状况　甘肃省省级保护，“三有”，IUCN等级LC，中国生物多样性红色名录等级LC。

野外识别特征　体长180 mm左右。雄鸟前额和颊部白色，头顶暗深红色，颏部有黑色。有三道淡粉白色的翼斑。雌鸟头和胸部有显著的棕黄色区域，翼斑淡黄白色。

栖息生境　山地针叶林、针阔叶混交林和阔叶林中。

生活习性　非繁殖期单独或成对活动，也可能成小群活动和觅食，繁殖期可能形成更大的家族群。性格活泼，喜欢在树木或灌丛间飞来飞去，飞行时呈波浪式前进。很少鸣叫，但繁殖期雄鸟可能会在早晚站在灌木枝头上鸣叫。主要以草籽、种子、果实等植物性食物为食。

保护区分布　保护区少见种，留鸟，主要分布在麻武乡。

包新康　摄

赵　伟　摄

灰头灰雀 *Pyrrhula erythaca*

Grey-headed Bullfinch

鸟纲—雀形目—燕雀科—灰雀属

保护状况 “三有”，IUCN等级LC，中国生物多样性红色名录等级LC。

野外识别特征 体长140～150 mm，头部灰色，额部黑色，眼先和颏周围有细细的白缘，胸部到腹部为深橙色。雌鸟头部和颈侧是灰色的，其余部分为暗褐色。

栖息生境 亚高山针叶林及混交林。

生活习性 喜欢结小群活动，繁殖期会成对或单独生活。它们的叫声通常是徐缓的、柔和的，类似灰雀“soo-ee”或“poo-ee”的叫声，经常重复，也可能是三拍节的哨声。不甚惧人。食物主要是植物性的，夏季也会摄食昆虫。

保护区分布 保护区优势种，留鸟，主要分布在崆峒水库。

赵 伟 摄

金翅雀 *Chloris sinica*

Grey-capped Greenfinch

鸟纲—雀形目—燕雀科—金翅属

保护状况　“三有”，IUCN等级LC，中国生物多样性红色名录等级LC。

野外识别特征　体长120～140 mm。额、颊和眉纹黄色，眼先和眼周黑色。翅膀黑色，具有黄色的斑块，下体黄色。

栖息生境　海拔1 500 m以下的低山、丘陵、山脚和平原等开阔地带的疏林中。

生活习性　经常单独或成对活动，秋、冬季节会成群活动。常常在树上停栖，也会停落在电线上，喜欢在树冠层枝叶间跳跃或飞来飞去，同时也会在低矮的灌丛和地面觅食。鸣声单调清晰，带有颤音，听起来像是“dzi-i-di-i”的声音。主要以植物果实、种子、草籽和谷粒等农作物为食。

保护区分布　保护区优势种，留鸟，主要分布在麻武乡、甘沟和大马圈。

赵 伟 摄

黄雀 *Spinus spinus*

Eurasian Siskin

鸟纲—雀形目—燕雀科—Spinus属

保护状况　“三有”，IUCN等级LC，中国生物多样性红色名录等级LC。

野外识别特征　体长110～120 mm。雄鸟头顶具黑斑而雌鸟无，上体呈暗绿色与黄色，枕部有一块淡黄绿色的斑块，翅膀为黑褐色，下体暗黄色带有绿色的色泽。

栖息生境　低海拔地区的阔叶林中。

生活习性　繁殖期成对生活，其余时间集群。性不大怯疑，但在繁殖期非常隐蔽。偏好栖息于繁茂的树冠之上，通常是一只鸟先行起飞，其余鸟跟随。飞行迅速成直线，有目的性。喜欢吃种子、嫩叶和昆虫。

保护区分布　保护区少见种，冬候鸟，主要分布在麻武乡。

杜进军　摄

三道眉草鹀 *Emberiza cioides*

Meadow Bunting

鸟纲—雀形目—鹀科—鹀属

保护状况　“三有”，IUCN 等级 LC，中国生物多样性红色名录等级 LC。

野外识别特征　体长 150～180 mm。繁殖期雄鸟脸部有显著的褐色和黑白色条纹。背部羽毛栗色，带黑色纵纹。颏部和喉部颜色接近白色，胸部栗色，对比强烈。雌鸟色淡，眉纹和胸部皮黄色。

栖息生境　海拔 1 100 m 以下丘陵地带和半山区稀疏阔叶林地、灌丛和草丛中。

生活习性　冬季常以群体形式活动，繁殖期则更倾向于成对活动。性格比较胆怯，一旦察觉到有人的存在，会立刻停止鸣叫，要么飞走，要么迅速藏匿。食物主要是鞘翅目和鳞翅目昆虫及其幼虫，以及各种草类的种子。

保护区分布　保护区少见种，留鸟，主要分布在崆峒山、高岭。

赵 伟 摄

廖继承 摄

灰眉岩鹀 *Emberiza godlewskii*

Godlewski's Bunting

鸟纲—雀形目—鹀科—鹀属

保护状况　“三有”，IUCN等级LC，中国生物多样性红色名录等级LC。

野外识别特征　体长约160 mm，眼先和颊纹栗褐色，侧冠纹栗色；头顶其余部分、眉纹、颈、颏、喉和上胸为蓝灰色。

栖息生境　通常栖息在裸露的低山丘陵、高山和高原等开阔地带的岩石荒坡、草地和灌丛中。

生活习性　常成对或单独活动，非繁殖季节集群。白天常在地上觅食，发出特有的“ji-er、jier”的叫声。秋、冬季节喜欢在向阳的河谷两侧的农田、草坡或村旁附近的农地上活动。繁殖期常站在树上、岩石或电线上鸣叫。主要以草籽、果实、种子等植物性食物为食，也吃昆虫和昆虫幼虫。

保护区分布　保护区少见种，留鸟，主要分布在大马圈。

赵 伟 摄

黄喉鹀 *Emberiza elegans*

Yellow-throated Bunting

鸟纲—雀形目—鹀科—鹀属

保护状况　“三有”，IUCN等级LC，中国生物多样性红色名录等级LC。

野外识别特征　体长130～150 mm。具冠羽。头顶、头侧和胸部有黑色斑块，眉纹、枕、颏和上喉为黄色。背部棕栗色，有黑褐色纵纹。翅膀和尾部暗褐色，尾羽外侧有白色斑块。胁部有黑褐色条纹。

栖息生境　低山丘陵地带的林缘灌丛中。

生活习性　繁殖期常单独或成对活动，非繁殖期常形成小群，有时甚至可以见到20多只的大群，在林间公路和河谷等开阔地带活动，性格活泼但胆小，一旦察觉到人类的存在，就会立即躲入灌丛中或飞走。主要以昆虫和昆虫幼虫为食。

保护区分布　保护区常见种，夏候鸟，主要分布在中河和大马圈。

包新康　摄

蓝鹀 *Emberiza siemsseni*
Slaty Bunting

鸟纲—雀形目—鹀科—鹀属

保护状况　国家Ⅱ级，IUCN等级LC，中国生物多样性红色名录等级LC，中国特有种。

野外识别特征　体长约130 mm，雄鸟羽毛呈石板灰蓝色，雌鸟通常呈深棕色至橄榄褐色。雌雄尾羽仅有最外侧一对具有白色斑块。

栖息生境　高山针叶林及灌丛。

生活习性　独自活动，偶尔也会结成小群。在地面、电线上，或是山边的岩石和幼树上觅食和活动。性格比较大胆，冬季会出现在农田。停息时会用凹形的尾部轻轻弹动。食物主要是鞘翅目昆虫和杂草种子等。鸣叫声是高调的金属音，变化多样。

保护区分布　保护区少见种，夏候鸟，主要分布在香山。

包新康　摄

廖继承　摄

小鹀 *Emberiza pusilla*

Little Bunting

鸟纲—雀形目—鹀科—鹀属

保护状况　“三有”，IUCN 等级 LC，中国生物多样性红色名录等级 LC。

野外识别特征　体长 120～140 mm，头顶有两道黑色宽阔的带状羽毛，面部还有一块栗色的斑块。背部灰褐色有黑斑。喉部红褐色，胸部有黑色纵斑，腹部白色。翼上覆羽及飞羽羽缘红褐色，尾羽黑褐色，外侧白色。

栖息生境　灌木丛、丛林、树林、草地、苗圃以及田地等地方。

生活习性　通常形成小群或大群活动，喜欢在地面上穿梭或在灌木丛中跳跃觅食。性格胆怯，多数时候隐藏在灌木丛或草丛中鸣叫，繁殖期则常常站在灌木顶端发出清脆婉转的鸣叫声。食物以植物性食物为主，也吃昆虫等动物性食物。

保护区分布　保护区常见种，冬候鸟，主要分布在香山。

杜进军　摄

灰头鹀 *Emberiza spodocephala*

Black-faced Bunting

鸟纲—雀形目—鹀科—鹀属

保护状况　“三有”，IUCN 等级 LC，中国生物多样性红色名录等级 LC。

野外识别特征　体长 150～170 mm 的鹀，雄性繁殖羽嘴基、眼先、颊和颏斑为灰黑色，头、颈和胸为绿灰色，背部浅褐色有黑褐色纵纹，腹部为黄色。雌鸟似雄鸟，但头和颈部为橄榄色，头顶有浅褐色纵纹。

栖息生境　山地河流两岸，平原疏林和灌丛。

生活习性　单独或集小群在森林灌丛的地面觅食，繁殖期成对，迁徙时集节大群。胆较大，不甚惧人，不易惊飞。喜食杂草和植物果实，也吃鳞翅目昆虫及幼虫。

保护区分布　保护区少见种，夏候鸟，主要分布在香山。

杜进军　摄

哺乳纲

Mammalia

蒙古兔 *Lepus tolai*

Tolai Hare

哺乳纲—兔形目—兔科—兔属

保护状况　“三有”，IUCN等级LC，中国生物多样性红色名录等级LC。

野外识别特征　体形较大，450 mm左右。尾较长，占后足长的80%。尾部边缘和腹面的毛色纯白，背面中央有一长而宽的大黑斑。耳朵中等长度，占后足长的83%。

栖息生境　草原、荒草地、山坡灌丛、丘陵平原、农田和苗圃等地。

生活习性　昼夜皆活动，但在黄昏时分最为活跃。它们没有固定的洞穴，多在灌丛中挖掘半露天的浅窟安身，有时也出没于旱獭洞穴。主要以植物性食物为食，包括青草、树苗、嫩枝、树皮、各种农作物、蔬菜和种子等。

保护区分布　保护区常见种，主要分布在泾河、后河、崆峒山、城子、麻武乡和朱家峡。

来源：红外相机

杜进军　摄

中华姬鼠 *Apodemus draco*

South China Field Mouse

哺乳纲—啮齿目—鼠科—姬鼠属

保护状况　IUCN等级LC，中国生物多样性红色名录等级LC。

野外识别特征　体形略大于小家鼠，尾长与体长大致相等。体背毛为棕黄色，毛尖呈暗褐色，毛基为深灰色。腹部和四肢内侧的毛为灰白色。尾毛短而稀疏，尾部的环状鳞裸露。

栖息生境　海拔500～3 500 m丘陵和山地的针阔叶混交林、灌丛、草丛和农田中。

生活习性　洞穴通常位于树根下、岩石缝隙中或树洞中，通常有两个出口，与地面的距离约为35 cm。洞道贴近树根，很难挖掘，岔道较少。巢由树叶和干草构成，不存储食物。以植物性食物为主，包括橡子、茶籽、毛栗、草籽和嫩枝叶，偶尔也会取食昆虫。

保护区分布　保护区少见种，主要分布在崆峒山。

包新康　摄

小家鼠 *Mus musculus*

House Mouse

哺乳纲—啮齿目—鼠科—小家鼠属

保护状况 IUCN等级LC，中国生物多样性红色名录等级LC。

野外识别特征 体形小，吻短尖，体长大于尾长。背部毛色为灰褐色，而腹部则为白色。上门齿后方有一个明显的缺刻。

栖息生境 住宅以及田野。

生活习性 社会性动物，喜欢群居生活。人类居住的地方往往都能发现小家鼠的踪迹。具有迁徙习性，每年3—4月天气变暖时，会从住房、库房等地迁往农田，秋季则会集中在作物成熟的农田中。随着作物的收获，又会转移到打谷场、粮草垛下，最终随着粮食进入仓库和住房。主要以植物性食物为主。

保护区分布 保护区少见种，主要分布在崆峒山。

赵 伟 摄

北社鼠 *Niviventer confucianus*

Confucian Niviventer

哺乳纲—啮齿目—鼠科—白腹鼠属

保护状况　IUCN等级LC，中国生物多样性红色名录等级LC。

野外识别特征　体形中等偏小，体长大约为140 mm，尾比体稍长。尾近基部的颜色在背面和腹面不同，尾末端白色。耳朵较大且较薄。背部的毛色灰暗，带有铁锈色的斑点。毛发中的刚毛相对较细、较软。腹部的毛色是黄色的，毛尖呈污黄色。

栖息生境　丘陵树林、竹林、茅草丛、灌丛。

生活习性　擅长攀爬，行动敏捷，主要在夜间活动。无明显迁移活动，只在冬季野外食物缺乏时，少数个体迁入室内。洞穴结构相对简单，主要由洞口、主道、粮仓、厕所和巢室组成，巢材包括树叶、麦秆、干草等。食性杂，喜食各种坚果、嫩叶或少量昆虫。

保护区分布　保护区少见种，主要分布在崆峒山。

赵　伟　摄

灰仓鼠 *Cricetulus migratorius*

Grey Dwarf Hamster

哺乳纲—啮齿目—仓鼠科—假仓鼠属

保护状况　IUCN等级LC，中国生物多样性红色名录等级LC。

野外识别特征　体形中等，体长85～120 mm。尾部较长，约为体长的30%。尾长超过后足的长度。背部的毛色为黑灰色，而腹部的毛色为灰白色。

栖息生境　荒漠平原、半荒漠平原、低山丘陵草原、山地草原和山地森林草原等地区。

生活习性　洞道结构相对简单，洞口通常位于阴暗处，内部包括1或2个巢室和数个仓库。活动能力强，以夜间活动为主，尤其是在黄昏和黎明时分最为活跃。活动范围相对较小。单独活动，不冬眠。食物包括各种农作物的种子、茎叶，以及野生植物、昆虫和软体动物等，喜欢储存食物。

保护区分布　保护区少见种，主要分布在崆峒山。

包新康　摄

岩松鼠 *Sciurotamias davidianus*

Père David's Rock Squirrel

哺乳纲—啮齿目—松鼠科—岩松鼠属

保护状况　“三有”，IUCN 等级 LC，中国生物多样性红色名录等级 LC，中国特有种。

野外识别特征　体长 200～250 mm。具有明显较大的尾巴，耳朵较为发达，突出于毛被之外。体背和体侧没有条纹，腹面从颈部以下到鼠蹊部为纯白色。在冬季，耳朵基部可能会有明显的毛丛。

栖息生境　山地、丘陵地区，常见于岩石或裸岩地带，以及油松林、针阔叶混交林、阔叶林、果树林、灌木林等较为开阔但不是非常郁闭的生境中。

生活习性　昼行性，机警而胆大，常见于山区居民宅院。有强大的攀爬能力，可以在悬崖、裸岩和石坎等多岩石地区自如活动。喜食带油性的干果，具有贮食习性，会将干果存放在树洞等地方。不冬眠，但冬季活动量相对较少，主要在日出后活动。

保护区分布　保护区常见种，分布在保护区内的各种森林中。

来源：红外相机

赵　伟　摄

花鼠 *Tamias sibiricus*

Siberian Chipmunk

哺乳纲—啮齿目—松鼠科—花鼠属

保护状况　“三有”，IUCN等级LC，中国生物多样性红色名录等级LC。

野外识别特征　成体体长不超过150 mm，尾长大于体长的一半。耳壳较为发达，明显地伸出毛皮之外。背部和体侧共有5条黑色或棕黑色的暗色纵行条纹。

栖息生境　平原、丘陵、山地的针叶林、阔叶林、针阔叶混交林以及灌木丛。

生活习性　通常选择枯树洞作为巢穴，白天活动，一般单独或2～3只一起活动。善于爬树，行动敏捷好奇，不时会发出刺耳的叫声。以针叶树的种子和嫩叶为食，有时也会到农田觅食。冬眠前会大量进食积存脂肪。

保护区分布　保护区少见种，主要分布在崆峒山。

杜进军　摄

隐纹花鼠 *Tamiops swinhoei*

Swinhoe's Striped Squirrel

哺乳纲—啮齿目—松鼠科—花松鼠属

保护状况　“三有”，IUCN等级LC，中国生物多样性红色名录等级LC。

野外识别特征　体长110～120 mm，尾长与体长相等，尾毛蓬松，向尾尖逐渐变尖。背部毛色灰褐色，具有明显的黑色条纹，两侧有其他颜色的纵纹。耳朵边缘背侧通常有短毛，毛基黑色尖端白色。

栖息生境　亚热带森林。

生活习性　在清晨或黄昏时最活跃，通常成群在树上奔窜，活动范围不大，喜欢在无花果或木棉树上活动，也出现在竹林、果园、菜园等地方。喜欢筑巢于树杈间或利用树洞作为窝。主要食物包括各种坚果、浆果以及昆虫等。每年繁殖2次，每胎通常有4～5只幼仔。

保护区分布　保护区少见种，主要分布在崆峒山。

杜进军　摄

豪猪 *Hystrix hodgsoni*

Malayan Porcupine

哺乳纲—啮齿目—豪猪科—豪猪属

保护状况　甘肃省省级保护，“三有”，IUCN等级LC，中国生物多样性红色名录等级LC。

野外识别特征　体长550～775 mm，身体表面具备坚硬的棘刺。尾巴比较短，末端有少量中空的鞘棘，体背前部棘刺大多呈方形，而后部主要是圆形的粗棘，其长度大于75 mm。

栖息生境　栖居于山坡、草地或者密林中。

生活习性　穴居，常会有几个洞穴交替用来栖身。群居，夜行性，活动常常遵循一定的路线。行走时因为棘刺的相互碰撞能够发出沙沙的声响。遭遇敌害时持续从口中发出噗噗的恐吓声，同时竖起全身的棘刺。植食性。每年繁殖1次，每胎可产4仔。

保护区分布　保护区少见种，主要分布在崆峒山和后河。

来源：红外相机

甘肃鼹 *Scapanulus oweni*

Gansu Mole

哺乳纲—劳亚食虫目—鼹科—甘肃鼹属

保护状况　甘肃省省级保护，IUCN等级LC，中国生物多样性红色名录等级NT。

野外识别特征　外形似鼢鼠，但体形小。体短粗而圆，吻部尖长，前足中等宽，爪发达。后足第1趾翘向外侧。尾较长。

栖息生境　林缘灌丛。

生活习性　掘土能力强，可以挖掘复杂的洞道。以昆虫为主要食物，偶尔到水边捕食虫类，可在水中游泳。有贮食行为。不冬眠。

保护区分布　保护区少见种，主要分布在崆峒山。

赵　伟　摄

东北刺猬 *Erinaceus amurensis*

Amur Hedgehog

哺乳纲—劳亚食虫目—猬科—刺猬属

保护状况 甘肃省省级保护，“三有”，IUCN等级LC，中国生物多样性红色名录等级LC。

野外识别特征 体长260 mm。耳朵较短小。在头顶部有一些向左右两侧分散的粗硬棘刺，体背上生有土棕色的棘刺，但并没有纯色的棘刺存在。四肢和尾巴都是较短小的。

栖息生境 灌丛、草丛、荒地、森林等地。

生活习性 昼伏夜出，经常出现在农田、瓜地、果园等地方。通常在灌木丛、树根、石隙等地穴居。冬眠期较长，从10月初—次年3月底。主要吃有害昆虫，同时也吃小型鼠类、幼鸟、鸟卵、蛙、蛇以及蜥蜴等小动物，也喜欢食用农作物以及野果、树叶、草根等植物性食物。

保护区分布 保护区少见种，主要分布在崆峒山和朱家峡。

杜进军 摄

东方棕蝠 *Eptesicus pachyomus*

Oriental Serotine

哺乳纲—翼手目—蝙蝠科—棕蝠属

保护状况 IUCN等级LC，中国生物多样性红色名录等级LC。

野外识别特征 前臂长度大于或等于49 mm。吻部两侧略微向外鼓出。外门齿相对较小，高度仅及内门齿的一半。背部的毛色为淡黄褐色，背脊中央的毛色较深，呈黄褐色。

栖息生境 建筑物、树洞和岩缝中。

生活习性 群居，常聚集在几十只到几百只的群体中。栖息于房顶的过木或房梁夹缝中，或者倒挂在梁上。对光照极度敏感，主要在黄昏或天明前后出来觅食。主要以大型的鞘翅目昆虫为食，在飞行时使用声呐来定位和捕捉食物，能够准确判断物体的距离、大小和形态。

保护区分布 保护区少见种，主要分布在崆峒山。

张 忠 摄

野猪 *Sus scrofa*

Wild Pig

哺乳纲—鲸偶蹄目—猪科—猪属

保护状况 IUCN 等级 LC，中国生物多样性红色名录等级 LC。

野外识别特征 体形似家猪，但头部较长，吻显著前突成鼻盘，肩部高于臀部。毛色通常为黑色或棕黑色，毛尖可能呈淡锈棕、土黄或灰白色。

栖息生境 灌木丛、草地、针阔叶混交林及阔叶林中。

生活习性 社会性动物，雌性倾向于形成合群，雄性大部分时间单独生活。活动范围广阔，每天行走数千米。夜行性，通常在清晨和傍晚活动。具有强大的嗅觉和视觉能力，可以在夜间有效地觅食。主要以植物为食，也会捕食小型脊椎动物。可能会攻击其他动物或人类。

保护区分布 保护区优势种，广布在保护区灌丛和森林中。

来源：红外相机

狍 *Capreolus pygargus*

Eastern Roe Deer

哺乳纲—鲸偶蹄目—鹿科—狍属

保护状况　甘肃省省级保护，“三有”，IUCN等级LC，中国生物多样性红色名录等级NT。

野外识别特征　体长1 m，雄性具有短角，角分3叉而没有眉叉，角干上及角基有节突。臀部具有白色斑块，尾巴较短，隐匿在被毛之内。

栖息生境　栖息于温带森林中，包括不同类型的落叶林和混交林，还包括森林草原。

生活习性　具有季节性的迁徙行为，迁徙中会形成大规模的群体。一般由雌狍及其后代构成，通常是3～5只成群，雄狍夏季才会加入群体。使用声音、触觉、视觉和化学信号来交流和感知环境。主要吃草本植物或木本植物的叶子、花和茎，冬季也会取食木本树枝、苔藓、真菌和地衣。

保护区分布　保护区优势种，广布于保护区的森林中。

来源：红外相机

毛冠鹿 *Elaphodus cephalophus*

Tufted Deer

哺乳纲—鲸偶蹄目—鹿科—毛冠鹿属

保护状况　国家Ⅱ级，IUCN等级NT，中国生物多样性红色名录等级NT。

野外识别特征　体长约900 mm，全身呈暗褐色。额部存在一簇栗褐色的毛冠，毛冠的边缘有着大约7 mm宽的红褐色毛纹。雄性具有短且不分叉的角，几乎完全隐藏在毛冠里面。

栖息生境　栖息于山峦重叠的幽谷地区。

生活习性　常单独生活，听觉和嗅觉较发达，性胆怯，发现敌害会立刻逃窜进入稠密的林中进行隐蔽。奔跑时尾巴翘起高于体背。食物主要是冷杉树和栎树的嫩枝、幼芽、叶子，蔷薇科、百合科以及杜鹃花科植物。一般在10—11月进行交配，到第2年的3—4月产仔，每胎通常是1只仔。

保护区分布　保护区少见种，主要分布在朱家峡和后河。

来源：红外相机

小麂 *Muntiacus reevesi*

Reeves' Muntjac

哺乳纲—鲸偶蹄目—鹿科—麂属

保护状况 甘肃省省级保护，“三有”，IUCN等级LC，中国生物多样性红色名录等级NT，中国特有种。

野外识别特征 体形较小，体长约400 mm，呈棕褐色，在颈背中央有一条黑色条纹，四肢内侧、臀周以及尾腹面均为白色。

栖息生境 海拔1 400～2 600 m的山地栓皮栎纯林或杂生有红桦的林缘地带。

生活习性 非繁殖季节单独生活。活动范围比较小，出没于林缘地带。听觉极其敏锐，稍有声响惊动，就会立刻抬头凝视，而后迅速钻进高草丛或灌丛中。早晨和黄昏的活动最为频繁，叫声类似犬吠。以各种青草、树木、嫩枝、叶芽等为食物。每次产1～2只仔。

保护区分布 保护区少见种，主要分布在崆峒山、麻武乡、朱家峡和后河。

来源：红外相机

中华鬣羚 *Capricornis milneedwardsii*

Chinese Serow

哺乳纲—偶蹄目—牛科—鬣羚属

保护状况 国家Ⅱ级，CITES附录Ⅰ，IUCN等级VU，中国生物多样性红色名录等级VU。

野外识别特征 体长约1 500 mm，全身呈黑色，背中央有一条黑色的纹，一直延伸到尾的近端。颈背具有黑色的长鬃。吻侧有黄褐色的斑。

栖息生境 栖息于海拔2 000～3 000 m高的山地森林峭壁。

生活习性 常独自栖息或2～3只一起活动。白天大多卧睡在石洞或垂直的悬崖之下，有时也会在崖脊上休息，憩息时常用角钩住附近的树枝来回摇晃玩耍。警惕性非常高，常常跳跃到山崖高处去远眺周围和对面的山岭，或者呆立在林下凝视溪谷中的动静。春、夏季多以植物嫩枝、芽、叶和蕈类等为食。冬季主要以枯草落叶为食。

保护区分布 保护区少见种，主要分布在泾河、崆峒山、城子、朱家峡和后河。

来源：红外相机

林麝 *Moschus berezovskii*

Forest Musk Deer

哺乳纲—鲸偶蹄目—麝科—麝属

保护状况　国家Ⅰ级，CITES附录Ⅱ，IUCN等级EN，中国生物多样性红色名录等级CR。

野外识别特征　身体呈橄榄褐色，略带橘红色，体后部呈现咖啡褐色，没有斑点。下颌、喉以及颈下至前胸呈白色，可能带有淡黄或橘黄色。从喉中央到前胸中央有一条棕褐色的纹路。

栖息生境　针阔叶混交林，针叶林和郁闭度较差的阔叶林的生境。

生活习性　典型的晨昏活动型动物，独居，领域性较强，具有灵活的攀爬能力。性情胆怯、急躁、机警灵敏，遇到惊吓时会迅速跳跃并改变方向以躲避危险。雄性林麝会在繁殖期前后分泌麝香，在异性个体间起着重要的沟通作用。主要以木本植物的嫩枝叶为食，也会食部分草本植物的新叶。

保护区分布　保护区少见种，主要分布在泾河、朱家峡、崆峒山和后河。

来源：红外相机

豹猫 *Prionailurus bengalensis*

Leopard Cat

哺乳纲—食肉目—猫科—豹猫属

保护状况　国家Ⅱ级，CITES附录Ⅱ，IUCN等级LC，中国生物多样性红色名录等级VU。

野外识别特征　体形近似家猫，体长500～700 mm。拥有一条长度约为其体长一半的尾巴，全身覆盖着类似豹子的斑驳花纹。

栖息生境　栖息在山谷的密林或灌丛之中。

生活习性　既可以独居，也可以与伴侣同栖。以夜行性为主，擅长游泳，同时也具备出色的攀缘能力。倾向于在树丛间的大石下或缝隙中筑造巢穴。主要捕食鸟类，同时也会吃鼠类、蛙类、爬虫和果实。通常在5—6月产仔，妊娠期约为2个月，每次产仔数量通常为2～3只。

保护区分布　保护区常见种，分布在保护区森林和灌丛。

来源：红外相机

张亚莉　摄

花面狸 *Paguma larvata*

Masked Palm Civet

哺乳纲—食肉目—灵猫科—花面狸属

保护状况　甘肃省省级保护，“三有”，CITES附录Ⅲ，IUCN等级LC，中国生物多样性红色名录等级NT。

野外识别特征　体形似家猫，但较细长。吻及头部毛色褐黑，头有一条白色纵纹自鼻后延伸至前背，身上无斑。四肢较短。尾长约等于体长的2/3。

栖息生境　栖息于森林、灌丛或裸岩地。

生活习性　经常雌雄老幼共同栖息在一个洞穴中。在交配季节也常常成对进行活动。善于攀缘，夜行性。遇到敌害时也能够从臭腺射出淡黄色分泌物进行自卫，但平时没有奇特的臭味。以植物作为主要食物，同时也会兼食青蛙、小鸟、鼠类和昆虫等。每胎产2～3只仔。

保护区分布　保护区少见种，主要分布在甘沟、后河、泾河、崆峒山、太统山、麻武乡、城子和朱家峡。

来源：红外相机

猪獾 *Arctonyx collaris*

Greater Hog Badger

哺乳纲—食肉目—鼬科—猪獾属

保护状况　“三有”，IUCN等级LC，中国生物多样性红色名录等级NT。

野外识别特征　体长600～1 000 mm，全身主要呈黑白相间的颜色，头部有三条白色纵纹，喉部、颈部、耳朵和尾巴都是白色的。鼻垫和上唇之间通常是没有毛的。

栖息生境　阔叶林、针阔叶混交林、灌草丛、平原、丘陵。

生活习性　喜欢挖掘洞穴，有时会占据其他动物的洞穴。夜行性动物，性情凶猛，受到威胁时会发出猪一样的吼声并展示攻击性。视觉能力相对较差，但嗅觉灵敏，常以鼻子嗅闻寻找食物。杂食性，主要以各种动物和昆虫为食，也会吃一些植物和农作物。有冬眠习性。

保护区分布　保护区优势种，主要分布在保护区的森林和灌丛中。

张　忠　摄

亚洲狗獾 *Meles leucurus*

Asian Badger

哺乳纲—食肉目—鼬科—狗獾属

保护状况　“三有”，IUCN等级LC，中国生物多样性红色名录等级NT。

野外识别特征　体长500 mm，体形较肥胖，鼻端尖，头部有三条白色纵纹。具有软骨性鼻垫，眼睛较小，头部粗壮，尾巴较短，四肢较粗大。喉部黑色。

栖息生境　森林、山坡灌丛、田野、坟地、沙丘草丛以及湖泊和河溪旁边。

生活习性　有冬眠的习性，活动时间集中在春季和秋季。洞道复杂，常常整修挖掘成多年居住的洞穴。在田野中行走速度较快，但回洞时会较慢，甚至在洞口稍作停留，清洁头爪后再进洞。食物来源包括植物的根、茎、果实，以及蛙、蚯蚓、小鱼、沙蜥、昆虫和小型哺乳类动物等。

保护区分布　保护区常见种，主要分布在保护区的山坡和灌丛中。

来源：红外相机

黄喉貂 *Martes flavigula*

Yellow-throated Marten

哺乳纲—食肉目—鼬科—貂属

保护状况　国家Ⅱ级，CITES附录Ⅲ，IUCN等级LC，中国生物多样性红色名录等级NT。

野外识别特征　体长约为450～700 mm。体躯较长，前半部通常为棕黄色，而后半部为黑褐色，头顶为棕褐色，颊部则呈纯白色。它们的四肢相对较短，尾巴很长，且通常为黑褐色。

栖息生境　海拔3 000 m以下的常绿阔叶林和针阔叶混交林。

生活习性　性情凶狠，常独自或成群活动。行动敏捷，速度快且跳跃能力强，善于爬树。主要在白天活动，行动时小心隐蔽，视觉敏锐。食肉动物，捕食范围广泛，从昆虫到小鸟、小兽，甚至大型草食动物。偶尔也会采食一些野果、浆果等植物作为食物。食物稀缺时也会吃动物的尸体。

保护区分布　保护区少见种，主要分布在泾河和后河。

来源：红外相机

黄鼬 *Mustela sibirica*

Siberian Weasel

哺乳纲—食肉目—鼬科—鼬属

保护状况 “三有”，CITES附录Ⅲ，IUCN等级LC，中国生物多样性红色名录等级LC。

野外识别特征 体长250～390 mm，外形细长，四肢短小，尾毛蓬松。背部毛色为橙黄色，腹部毛色略淡。额部和面部上半部分棕褐色，面部下半部分棕色沾黑色。鼻端周围、口角和下颏为白色。四肢和尾巴的颜色是灰棕色。肛腺发达。

栖息生境 河谷、林区、沟沿、沼泽地、土坡和灌丛。

生活习性 常单独行动，善于奔走，可以游泳、攀树、攀墙，也能贴伏地面前进和钻越缝隙。没有固定的巢穴，通常隐藏在柴草堆下、乱石堆、墙洞等地。嗅觉十分灵敏，但视觉较差。性情凶猛，且具有高度的警觉性，能做出凶猛的反击，也可以通过臭腺放出臭气来自卫。主要以小型哺乳动物为食，也吃两栖动物、鱼类、鸟卵、昆虫和腐肉，偶尔吃松子。

保护区分布 保护区少见种，主要分布在崆峒山。

丁淑萍　摄

索　引

Index

中文名索引

S

T

W

X

Y

Z

拉丁名索引

A

B

C

R

S

T

U

V

Y

Z

主要参考文献

Main References

[1]赵正阶. 中国鸟类手册:上卷,非雀形目[M]. 长春:吉林科学技术出版社,1995.

[2]赵正阶. 中国鸟类志:下卷,雀形目[M]. 长春:吉林科学技术出版社,2001.

[3]王香亭. 甘肃脊椎动物志[M]. 兰州:甘肃科学技术出版社,1991.

[4]ANDREW T. SMITH,解焱. 中国兽类野外手册[M]. 长沙:湖南教育出版社,2009.

[5]中国科学院中国动物志委员会. 中国动物志:两栖纲,下卷无尾目,蛙科[M]. 北京:科学出版社,2009.

[6]中国科学院中国动物志委员会. 中国动物志:爬行纲,第二卷,有鳞目蜥蜴亚目[M]. 北京:科学出版社,1999.

[7] THE INTERNATIONAL UNION FOR CONSERVATION OF NATURE. The IUCN Red List of Threatened Species[EB/OL]. [2024-11-07]. https://www. iucnredlist. org/.

[8]国家林业和草原局,农业农村部. 国家重点保护野生动物名录(2021年2月1日修订)[J]. 野生动物学报,2021,42(02):605-640.

[9]熊能,杜琴,张渝杭,等. 甘肃鸟类多样性及区系分析[J]. 动物学杂志,2024,59(05):648-657.

[10]张荣祖. 中国动物地理[M]. 北京:科学出版社,2011.

[11]郑光美. 中国鸟类分类与分布名录[M]. 第四版. 北京:科学出版社,2023.

[12]约翰·马敬能. 中国鸟类野外手册[M]. 李一凡,译. 北京:商务印书馆,2022.

[13]生态环境部,中国科学院. 中国生物多样性红色名录—脊椎动物卷(2020)[EB/OL].(2023-05-18)[2024-11-10]. https://www. mee. gov. cn/xxgk2018/xxgk/xxgk01/202305/t20230522_1030745.html

[14]魏辅文,杨奇森,吴毅,等. 中国兽类名录(2021版)[J]. 兽类学报,2021,41(5):15.

[15]国家林业和草原局. 有重要生态、科学、社会价值的陆生野生动物名录[EB/OL].(2023-06-26)[2024-11-10]. https://www.gov.cn/zhengce/zhengceku/202307/content_6889361.htm

[16]李嘉珏,谢忙义. 甘肃太统-崆峒山自然保护区科学考察集[M]. 北京:中国林业出版社,2001.

[17]张亚莉,李佳华,段意诚,等. 甘肃省鸟类新记录——黑翅鸢[J]. 四川动物,2025,44

(01):114.

[18]马东辉,李建亮,刘威,等. 2016—2018年六盘山中部崆峒山区域夏季鸟类多样性研究[J]. 生态与农村环境学报,2020,36(11):1388-1394.

[19]马雄,王玉林,吴利华,等. 甘肃太统—崆峒山国家级自然保护区两栖动物资源调查及分析[J]. 林业资源管理,2013(5):95-97.

[20]王玉林. 甘肃太统—崆峒山国家级自然保护区爬行动物资源调查及分析[J]. 甘肃科学学报,2014,26(6):41-44.

[21]白晓亮,张明德,朱朝辉,等. 甘肃太统崆峒山国家级自然保护区鸟类多样性监测调查[J]. 乡村科技,2024,15(11):137-139.

[22]杨鹏举,杨喆,薛彦铭,等. 甘肃太统-崆峒山国家级自然保护区鱼类动物资源调查研究[J]. 绿色科技,2020(22):40-42.